C=50 M=20 Y=0 K=0
C=15 M=15 Y=20 K=0
C=0 M=0 Y=80 K=10
C=40 M=100 Y=100 K=0
C=35 M=35 Y=0 K=0

写给设计师的书

TO DESIGNER

环境艺术

设计手册

王 萍 董辅川 编著

清华大学出版社

北 京

内 容 简 介

这是一本全面介绍环境艺术设计的图书,特点是知识易懂、案例趣味、动手实践、发散思维。

本书从学习环境艺术设计的基础知识入手,循序渐进地为读者呈现一个个精彩实用的知识、技巧。本书共分为7章,内容分别为环境艺术设计的原理、环境艺术设计的基础知识、环境艺术设计的基础色、环境艺术设计的空间分类、环境艺术设计的风格分类、环境艺术设计的照明、环境艺术设计的秘籍。并且在多个章节中安排了设计理念、色彩点评、设计技巧、配色方案、佳作欣赏等经典模块,在丰富本书结构的同时,也增强了其实用性。

本书内容丰富、案例精彩、版式设计新颖,不仅适合环境艺术设计师、室内设计师、初级读者学习使用,而且可以作为大/中专院校环境艺术设计、室内设计专业及环境艺术设计培训机构的教材,也非常适合喜爱环境艺术设计的读者朋友作为参考用书。

本书封面贴有清华大学出版社防伪标签,无标签者不得销售。

版权所有,侵权必究。侵权举报电话:010-62782989 13701121933

图书在版编目 (CIP) 数据

环境艺术设计手册 / 王萍 , 董辅川编著 . —北京:清华大学出版社,2020.7
(写给设计师的书)
ISBN 978-7-302-55657-2

Ⅰ . ①环… Ⅱ . ①王… ②董… Ⅲ . ①环境设计—手册 Ⅳ . ① TU-856

中国版本图书馆 CIP 数据核字 (2020) 第 101973 号

责任编辑:韩宜波
封面设计:杨玉兰
责任校对:李玉茹
责任印制:丛怀宇

出版发行:清华大学出版社

       网   址:http://www.tup.com.cn, http://www.wqbook.com
       地   址:北京清华大学学研大厦 A 座   邮   编:100084
       社 总 机:010-62770175   邮   购:010-62786544
       投稿与读者服务:010-62776969, c-service@tup.tsinghua.edu.cn
       质量反馈:010-62772015, zhiliang@tup.tsinghua.edu.cn

印 装 者:涿州汇美亿浓印刷有限公司
经   销:全国新华书店
开   本:190mm×260mm   印   张:11.25   字   数:245 千字
版   次:2020 年 8 月第 1 版   印   次:2020 年 8 月第 1 次印刷
定   价:69.80 元

产品编号:085129-01

前言
FOREWORD

　　　　本书是笔者多年对从事环境艺术设计工作的一个总结，是让读者少走弯路、寻找设计捷径的经典手册。书中包含了环境艺术设计必学的基础知识及经典技巧。身处设计行业，你一定要知道，光说不练假把式，本书不仅有理论、精彩案例赏析，还有大量的模块，启发你的大脑，锻炼你的设计能力。

　　希望读者看完本书后，不只会说"我看完了，挺好的，作品好看，分析也挺好的"，这不是笔者编写本书的目的。希望读者会说"本书给我更多的是思路的启发，让我的思维更开阔，学会了设计的举一反三，知识通过吸收消化变成自己的"，这是笔者编写本书的初衷。

本书共分7章，具体安排如下。

第1章 环境艺术设计的原理，介绍了什么是环境艺术设计，环境艺术设计中的点、线、面，环境艺术设计中的元素。

第2章 环境艺术设计的基础知识，介绍了环境艺术设计色彩、环境艺术设计布局、视觉引导流程、环境心理学。

第3章 环境艺术设计的基础色，从红、橙、黄、绿、青、蓝、紫、黑、白、灰10种颜色，逐一分析讲解每种色彩在环境艺术设计中的应用规律。

第4章 环境艺术设计的空间分类，其中包括10种常见的空间类型。

第5章 环境艺术设计的风格分类，其中包括9种常见的风格。

第6章 环境艺术设计的照明，其中包括人工照明、自然光。

第7章 环境艺术设计的秘籍，精选14个设计秘籍，让读者轻松、愉快地学习完最后的部分。本章也是对前面章节知识点的巩固和理解，需要读者动脑思考。

本书特色如下。

◎ 轻鉴赏，重实践。鉴赏类书只能看，看完自己还是设计不好，本书则不同，增加了多个色彩点评、配色方案模块，让读者边看、边学、边思考。

◎ 章节合理，易吸收。第 1~3 章主要讲解环境艺术设计的基本知识，第 4~6 章介绍空间分类、风格分类、照明等，第 7 章以轻松的方式介绍 14 个设计秘籍。

◎ 设计师编写，写给设计师看。不仅针对性强，而且知道读者的需求。

◎ 模块丰富。设计理念、色彩点评、设计技巧、配色方案、佳作欣赏在本书中都能找到，一次性满足读者的求知欲。

◎ 本书是系列图书中的一本。在本系列图书中读者不仅能系统学习环境艺术设计，而且还有更多的设计专业供读者选择。

希望本书通过对知识的归纳总结、趣味的模块讲解，打开读者的思路，避免一味地照搬书本内容，推动读者自行多做尝试、多理解，增加动脑、动手的能力；能激发读者的学习兴趣，开启设计的大门，帮助你迈出第一步，圆你一个设计师的梦！

本书由王萍、董辅川编著，其他参与编写的人员还有孙晓军、杨宗香、李芳。

由于编者水平有限，书中难免存在错误和不妥之处，敬请广大读者批评和指正。

编 者

目录

第4章
CHAPTER 4
P.63

环境艺术设计的
空间分类

第5章 CHAPTER 5
P.94
环境艺术设计的
风格分类

V

第6章
CHAPTER6
P.131
环境艺术设计的
照明

第7章
CHAPTER 7
P.158
环境艺术设计
的秘籍

第1章 环境艺术设计的原理

　　随着社会的多元化，人们对于居住环境的要求逐渐提高，对于环境艺术设计的审美已从单纯的形式化逐渐转变为更加富有深度的层次，因此对于环境艺术设计的研究也随之而推进。

　　环境艺术设计是运用科学与艺术的方式、方法，将自然、人工与社会元素进行综合考虑，将人们所生存的室内外环境进行合理的协调与规划，是一种具有环境意识的艺术设计。

1.1 什么是环境艺术设计

环境艺术设计是将建筑学、城市规划学、环境心理学、生态环境学、美学、社会学、经济学、心理学、民族学等学科进行综合考量的艺术设计，在构建人类赖以生存的生活空间的同时，对其进行修饰、规划与合理的艺术设计，打造以人为本的空间环境。

环境艺术设计技巧：

以人为本：以人为本是环境艺术设计的基础出发点，为了满足人们生活、工作和心理等各个方面的需求，提高生活水平，在设计的过程中，将以人为本的设计理念融入其中，注重受众的实际心理感受，创造出和谐、美观的环境空间。

注重原生态：环境艺术设计是一门将自然环境与人工环境相结合的综合性学科，因此两者缺一不可。在设计的过程中，注重原生态环境的塑造，使整个空间氛围与自然更加贴合，创造出天然且富有生机的艺术环境效果。

元素多元化：前文所提，环境艺术设计是一门综合性的学科，因此设计元素也会更加多元化，根据空间的不同属性与风格，来选择各种不同类型与作用的元素进行应用、装饰与点缀，打造风格和谐统一的空间氛围。

提倡高科技：随着经济与社会的发展，高科技元素已经越来越广泛地被应用于各个行业，方便、快捷、人性化的特征使其在众多元素种类之中脱颖而出，深受人们的喜爱。

1.2 环境艺术设计中的点、线、面

　　世间万物均有自己的形与态，或点，或线，或面，继而演变成"点动成线，线动成面，面动成体"。点、线、面是构成空间的三要素。在环境艺术设计中，需通过点、线、面的应用来体现情感的表达与诉求，增强空间设计的艺术效果。

环境艺术设计中的点："点"是最简单的形态样式，是一切元素构成的基本条件，简约却不简单，其大小总是相对而言的。不同形式的点元素所形成的效果各不相同。例如：单一的点元素更容易使受众的视线集中；发散的点元素在空间中会产生一种扩张、膨胀的视觉效果；而向内聚合的点元素则更容易产生收缩、减弱的视觉效果。

环境艺术设计中的线："线"是设计中一种十分常见的表达形态，分为直线和曲线两大类。在环境艺术设计中可根据不同的空间属性与风格来选择线条的种类。直线元素营造出的氛围更加平和、规整且有序；而曲线元素的应用相对而言更加浪漫且富有活力和动感。

环境艺术设计中的面：在环境艺术设计中，面元素的应用能够使空间整体看上去更加统一化。在不同角度、方位和空间中应用面元素，则会使空间更具层次感。

1.3 环境艺术设计中的元素

在环境艺术设计中所应用到的元素是多元化的，主要涉及色彩、陈列、材料、灯光、装饰元素或是气味等。在设计的过程中，由于诉求的不同，会将多种元素进行有机结合，创造出符合人类审美和生存观念的环境空间效果。

色彩：色彩是与日常生活紧密相连的常见的设计元素，在环境艺术设计的过程中，色彩的应用能够直接对空间的氛围进行有效的渲染，轻松地奠定空间感情基调，带给受众最为直观的视觉冲击效果。

　　陈列：在环境艺术设计中，无论是展示元素还是装饰元素等，均会涉及陈列问题，不同的陈列方式都会有与之相对应的利与弊，因此在设计的过程中要注意扬长避短，充分发挥陈列在环境艺术设计中的独特魅力。

材料：环境艺术设计所应用到的材料十分广泛。由常见的木、竹、石、土、砖、瓦、混凝土逐渐发展到高分子有机材料、新型金属材料和各种复合材料等。在环境艺术设计发展的过程中，也越来越注重安全性、私密性、耐用性、舒适性、方便性与艺术性等。

灯光：环境艺术设计中室内外的灯光照明效果，除了将空间进行基础照明以外，同时也能够对空间的氛围进行烘托与渲染，进而塑造空间形象，营造空间氛围，增添空间的艺术感染力。

装饰元素：在环境艺术设计中用装饰元素对环境艺术空间进行装饰与点缀，使空间的整体效果看上去更加丰富且充满设计感和艺术氛围。

气味：环境艺术设计中通过气味对嗅觉的刺激引导受众的心理变化，是氛围渲染、吸引受众、传递情绪的重要表达方式。

第2章 环境艺术设计的基础知识

环境艺术设计是一项综合性的艺术与科学，包含若干子系统，涉及范围广泛。按设计范围可以将其分为室内环境艺术设计和室外环境艺术设计两大类。在设计的过程中，通过设计元素的整合与设计技巧的衬托，打造人性化、合理化、美观化的环境艺术空间效果。

但综合来看，在设计的过程中，我们应该着重考虑以下四点要素。

◆ 环境艺术设计色彩：在设计的过程中，可以通过色彩与色彩之间的搭配与结合，凸显出空间的风格与氛围。

◆ 环境艺术设计布局：环境空间的合理布局是对空间合理划分的基础，能够有效突出空间的特点与内涵，增强空间的实用性、合理性与美观性。

◆ 视觉引导流程：环境艺术设计的视觉引导流程是一种结合技巧与美观的综合性设计方式，通过有效的视觉引导提高受众接受信息的效果。

◆ 环境心理学：在设计的过程中，要能够充分理解受众的心理变化过程，研究环境艺术与受众心理、行为之间的紧密关系，通过以人文本的设计理念，提高空间的功能性与可塑性，依次来提升受众对环境空间的体验感。

2.1 环境艺术设计色彩

　　色彩是环境艺术设计中，多元化的重要构成元素之一，有着先声夺人的装饰作用，能够对受众的感官和心理产生重要的引导与影响作用。因此在设计的过程中，可以通过色彩与色彩之间的组合与搭配，运用色彩的明度、纯度、色相等属性，对环境空间进行合理的设计与规划。

　　我们可以大致将色彩分为温度的冷与暖、重量的轻与重、位置的进与退和风格的华丽与朴实。

　　色彩温度的冷与暖是由色彩的冷色调和暖色调所决定的。冷色调是指在运用色彩的过程中能够让受众产生寒冷、凉爽、理智感受的颜色，如绿色、蓝色、青色等；反之，暖色调则是指能够给受众带来温暖、热情感受的颜色，如红色、橙色、黄色。

　　冷色调的环境艺术设计赏析：

　　暖色调的环境艺术设计赏析：

2.1.2　环境艺术设计色彩的"轻""重"感

　　色彩的"轻"与"重"主要体现为颜色明度的高低。高明度的色彩能够营造出轻快、清新、纯净的视觉效果；而低明度的色彩则会带给人一种沉重、稳定、沉稳的视觉效果。

　　视觉效果"轻"的环境艺术设计赏析：

　　视觉效果"重"的环境艺术设计赏析：

在环境艺术设计中，色彩的"进""退"感是相对而言的，通常情况下，冷色调和明度较低的色彩会使人们产生后退的感觉，而暖色调和明度较高的色彩则容易使人们产生向前、突出、接近的视觉效果。

"进""退"感的环境艺术设计赏析：

2.1.4　环境艺术设计色彩的"华丽感""朴实感"

　　"华丽感"与"朴实感"是由色彩的明度和纯度共同营造出来的，明度和纯度较高的色彩在空间中更容易产生华丽、耀眼的视觉效果；反之，明度和纯净较低的色彩在空间中更容易营造出朴素、厚重、踏实的视觉效果，使空间看上去更加低调、沉稳。

　　"华丽感"的环境艺术设计赏析：

　　"朴实感"的环境艺术设计赏析：

2.2 环境艺术设计布局

　　布局方式是环境艺术设计的基础要素。在设计之初,结合空间的比例和属性等因素,通过精心的规划争取使空间的利用率最大化。

　　环境艺术设计布局主要分为直线型、斜线型、独立型和图案型四种。

2.2.1 环境艺术设计直线型布局

直线型：直线具有较强的视觉张力，直线型布局是一种被广泛应用的布局方式，可分为有序直线型布局和无序直线型布局两种。有序直线型布局方式会为空间营造规整、平稳的秩序感；而无序直线型布局方式则会为空间营造流畅、畅通的空间氛围。

直线型环境艺术设计空间布局赏析：

2.2.2 环境艺术设计斜线型布局

斜线型：斜线型的环境艺术设计布局方式是以对角线的形式对空间的区域进行划分，最大限度地提高空间的可见度，相对于直线型布局来讲更具设计感。

斜线型环境艺术设计空间布局赏析：

2.2.3 环境艺术设计独立型布局

独立型：独立型的布局方式，可以使整体环境艺术空间看上去更加活泼生动，摆脱了规则与束缚，元素之间既互相搭配与衬托，又互不干扰。

独立型环境艺术设计空间布局赏析：

2.2.4 环境艺术设计图案型布局

图案型：图案型的布局方式使空间的氛围更加活跃生动，通过元素自身的样式或是相互组合而成的造型创造出不同寻常的视觉效果。

图案型环境艺术设计空间布局赏析：

2.3 视觉引导流程

视觉引导流程是指在空间中，选取一个最佳视觉区域，或最容易捕捉注意力的位置，通过各种元素的展现，引导受众的视觉流向。

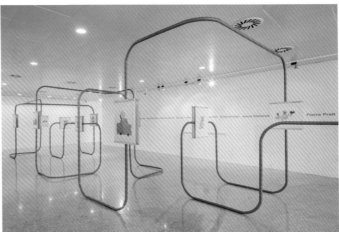

2.3.1 通过空间中的装饰物进行视觉引导

装饰元素的设计与使用是环境艺术设计中重要的环节之一，其既能够起到美化空间的作用，又可以将空间的区域和模块进行划分，进行有效的视觉引导，提高装饰元素在艺术环境设计中的有效性。

这是一款高端椅子制造企业工作室的环境艺术设计。在空间的中心区域设置一个造型独特的白色展示台，并将椅子元素陈列在其上，使其具有划分空间、展示元素、装饰空间、引导视线的作用。

- RGB=147,129,112 CMYK=50,51,55,0
- RGB=224,197,150 CMYK=16,26,44,0
- RGB=235,235,235 CMYK=9,7,7,0
- RGB=248,64,49 CMYK=0,87,78,0

2.3.2 通过符号进行视觉引导

符号是我们日常生活中常见的引导元素，简约且具有易识别性，在环境艺术设计过程中，符号元素的使用会使空间的主题与属性更加明确。

这是一款服装店内通往试衣间的环境艺术设计。其以最常见、最具有识别性的直线箭头符号作为空间主要的设计元素，风格统一且具有指向性。灯光元素的应用使其在低饱和度的空间内更加抢眼。

- RGB=209,161,137 CMYK=22,43,44,0
- RGB=161,119,95 CMYK=45,58,63,1
- RGB=127,92,70 CMYK=56,66,74,13
- RGB=251,148,159 CMYK=0,56,24,0

这是一款商业空间大厅指示区域的环境艺术设计。通过简单的文字和简约风格的箭头指示，表明空间的分类，简洁明了。指示牌整体采用黑白配色方案，鲜明的对比色彩使其效果更加明显。

- RGB=100,127,52 CMYK=69,44,99,3
- RGB=217,226,225 CMYK=18,8,12,0
- RGB=94,67,44 CMYK=62,71,86,33
- RGB=44,52,52 CMYK=82,73,72,45

2.3.3 通过颜色进行视觉引导

色彩是环境艺术设计中最为直观、有力的展示元素，将其作为空间的视觉引导，在明确划分空间区域的同时，还能够将空间的氛围进行渲染。

这是一款室内食品市场的环境艺术设计。通过色彩将空间的区域进行明确划分，不同的商家各选择一种作为其代表颜色，多种色彩的结合使空间充满了视觉冲击力。

■ RGB=244,199,73 CMYK=9,27,76,0
■ RGB=151,144,140 CMYK=48,42,41,0
■ RGB=187,199,193 CMYK=32,17,24,0
■ RGB=42,37,32 CMYK=79,76,81,59

这是一款系列家具的展示环境艺术设计。采用无彩色系的黑、白、灰色将空间区域进行明确划分，对比强烈的色彩让空间的左、中、右空间进行碰撞，从视觉上让空间变得具有动态感。

■ RGB=26,26,28 CMYK=85,81,77,65
■ RGB=184,186,185 CMYK=32,24,24,0
■ RGB=232,232,234 CMYK=11,8,7,0

2.3.4 通过灯光进行视觉引导

灯光是环境艺术设计中常见的装饰元素之一，其种类繁多、样式多变，在设计的过程中，可以通过空间中灯光元素的大小、长短、形状、位置、明暗、颜色等属性对受众进行视觉引导。

上，利用白色的灯光元素将展示区域照亮，通过空间的明暗对比效果对受众进行视觉引导。

■ RGB=205,163,139 CMYK=24,41,43,0
■ RGB=194,144,138 CMYK=30,49,52,0
■ RGB=132,104,85 CMYK=55,61,67,7
■ RGB=30,23,19 CMYK=81,81,84,68

这是一款精品服饰店的商业环境艺术设计。将精致的商品陈列在展示架之

2.4 环境心理学

环境心理学是一门研究环境与人的心理和行为之间关系的学科，又称人类生态学或生态心理学。以此来充分平衡环境与人之间的关系。

在环境艺术设计的过程中，要秉持以人为本的设计理念，将人作为环境的主体，遵循人的心理活动规律。

2.4.1　人在环境中的视觉界限

要想知道环境对人们内心的影响，我们首先要了解人们在空间中的视觉范围，知道哪些范围内的元素能够对人们产生最直接的影响。人眼的视觉界限是有限的，在环境艺术设计的过程中，要根据人眼对周遭环境的感受能力，将元素根据其重要程度进行合理的设计。

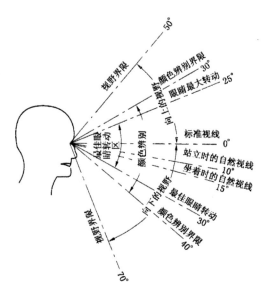

2.4.2　注重环境艺术设计的系统性

环境艺术设计虽然具有较强的综合性，但在一定范围的空间内，若干子系统之间要相互交叉、渗透、融合，增强空间彼此之间的关联性，避免突兀、尴尬的空间氛围，使整体氛围更加和谐、统一、系统。

2.4.3　空间图形传递给人的视觉印象

空间图形是环境艺术设计中重要的表现形式，不同的图形样式能够使空间呈现不同的艺术效果。例如：

矩形、三角形、直线等，能够使空间更加规整、稳固、流畅。

圆形、曲线、波浪线等，能够使空间的氛围更加柔和、欢快、生动，富有动感。

不规则图形，能够带来前卫、时尚且生动的视觉效果。

2.4.4　环境对人的心理影响

人的心理和情绪是随环境的变化而变化的。环境艺术设计可以通过视觉、听觉、触觉、嗅觉等元素的塑造，影响受众的心理活动。

第3章 环境艺术设计的基础色

色彩对于环境艺术设计来讲，是一种具有多元化的构成要素。在环境艺术设计的过程中，色彩的应用并不是单一的呈现，而是通过有效且合理化的搭配方案展现出不同的魅力与情感，从而提升环境艺术设计的水平。

色彩是丰富多样的，环境艺术设计的基础色可分为有彩色系（红、橙、黄、绿、青、蓝、紫）和无彩色系（黑、白、灰）。

- ◆ 提升整体环境的艺术层次。
- ◆ 对环境艺术设计具有画龙点睛的作用。
- ◆ 色彩本身具有一定的象征作用。

3.1 红

3.1.1 认识红色

红色：红色是日常生活中最常见的颜色之一，具有正面和反面的双重寓意，既象征着生命与活力，又象征着危险与死亡。

色彩情感：正义、活跃、危险、警告、热情、喜庆、健康、朝气、停止、错误。

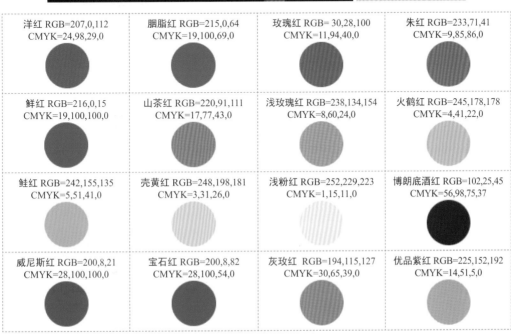

洋红 RGB=207,0,112 CMYK=24,98,29,0	胭脂红 RGB=215,0,64 CMYK=19,100,69,0	玫瑰红 RGB= 30,28,100 CMYK=11,94,40,0	朱红 RGB=233,71,41 CMYK=9,85,86,0
鲜红 RGB=216,0,15 CMYK=19,100,100,0	山茶红 RGB=220,91,111 CMYK=17,77,43,0	浅玫瑰红 RGB=238,134,154 CMYK=8,60,24,0	火鹤红 RGB=245,178,178 CMYK=4,41,22,0
鲑红 RGB=242,155,135 CMYK=5,51,41,0	壳黄红 RGB=248,198,181 CMYK=3,31,26,0	浅粉红 RGB=252,229,223 CMYK=1,15,11,0	博朗底酒红 RGB=102,25,45 CMYK=56,98,75,37
威尼斯红 RGB=200,8,21 CMYK=28,100,100,0	宝石红 RGB=200,8,82 CMYK=28,100,54,0	灰玫红 RGB=194,115,127 CMYK=30,65,39,0	优品紫红 RGB=225,152,192 CMYK=14,51,5,0

3.1.2 　洋红 & 胭脂红

① 这是一款教育中心等候区域的环境艺术设计。

② 将角落处的座椅设置成洋红色，华丽而又浪漫的色彩在空间中形成了视觉中心，配以低饱和度的淡黄色和平淡沉静的蓝灰色，将高饱和度的色彩进行中和，打造平和而不失活跃的等候空间。

③ 在规整的空间中设有对角支撑木柱，为平稳的空间增添一丝活跃的氛围。

① 这是一款酒吧的室内环境艺术设计。

② 空间以胭脂红色为主色，热情的色彩在空间中与稳重、雅致的蓝灰色和朦胧而又稳固的深灰色相搭配，打造浪漫且富有神秘色彩的空间效果。

③ 空间用色大胆，弧形的吧台搭配条纹形状的表面，打造流动的沉浸式空间。

3.1.3 　玫瑰红 & 朱红

① 这是一款办公环境艺术设计。

② 将椅子和壁灯设置为玫瑰红色，高饱和度的色彩在空间中格外抢眼，并配以鲜亮的红色与沉稳平和的蓝色、青色，打造具有强烈视觉冲击力的空间效果。

③ 以大面积色块为主要的设计元素，打造个性化的空间效果。

① 这是一款餐厅就餐区域的环境艺术设计。

② 将座椅设置成鲜活而又热情的朱红色，高饱和度的色彩形成了空间的视觉中心。将地面设置成低饱和度的博朗底酒红色，同色系的配色方案使空间看上去更加和谐统一。在墙壁上设有淡黄色的灯光对空间进行点缀，为空间增添了一丝清新与灵动。

③ 故意裸露的部分形成独特的纹理，打造个性化的就餐空间。

3.1.4 鲜红 & 山茶红

❶ 这是一款工业复古风格的洗手台环境艺术设计。

❷ 将洗手台设置为鲜红色，高饱和度的色彩搭配平稳暗沉的底色，使钢质的洗手台元素成了空间的视觉中心。

❸ 零星的黄色系灯光为空间带来一丝温暖的氛围。水滴形状的镜子元素在将灯光和植物进行反射的同时也增强了空间的通透感。

❶ 这是一款烹饪教室的环境艺术设计。

❷ 空间以山茶红为主色，温柔而又浪漫的色彩搭配鲜亮的铬黄色作为点缀，营造出温馨而又活泼的学习空间。以大面积的白色作为底色，纯净的无彩色系将山茶红、铬黄色进行中和，使空间看上去更加温和、干净。

❸ 围绕着体验教学的原则来设计，呈 U 形排布的桌子更有助于课程的学习。

3.1.5 浅玫瑰红 & 火鹤红

❶ 这是一款服装店内休息等候区域的环境艺术设计。

❷ 空间以座椅的浅玫瑰红为主色，打造甜美、浪漫的休息空间。

❸ 暖色调的空间宁静、沉稳，使顾客们在挑选衣服的同时也可以享受轻松的休闲时光。

❶ 这是一款咖啡馆的环境艺术设计。

❷ 以火鹤红为空间的主色，温和而又梦幻的色彩使整个空间看上去更加温馨，将右侧的墙壁设置成火鹤红色到白色的渐变色，打造清新、干净、甜美的空间效果。

❸ 以直线线条为主要的设计元素，打造清新的空间氛围。

3.1.6　鲑红 & 壳黄红

① 这是一款室内展览空间的环境艺术设计。

② 鲑红色温和而不失鲜活，将其作为空间中的主色，打造温馨梦幻的展览空间，在空间中设置绿色的植物和色彩对比鲜明的展览画作，使整个空间效果个性、前卫。

③ 植物元素的加入，使整个空间看上去更加鲜活、自然。

① 这是一款舞蹈工作室的环境艺术设计。

② 利用色彩将空间分为三个部分，最上方的壳黄红色清新温和、淡雅轻柔，与下方淡淡的浅卡其色形成呼应，打造温柔而不失俏皮的空间效果。

③ 天花板上矩形框架的灯光，通过照射，使上方空间形成了淡淡的渐变色彩。

3.1.7　浅粉红 & 博朗底酒红

① 这是一款商店内楼梯转角处的环境艺术设计。

② 浅粉红色是一种柔和梦幻的色彩，将其作为空间的主色，并通过光与影的结合，形成深浅不一的渐变色彩，打造浪漫且温馨的空间氛围。

③ 通过柔和的线条与色调，打造轻柔、温暖的空间氛围。

① 这是一款办公建筑休息区域的环境艺术设计。

② 博朗底酒红浓郁而又沉稳，将其设置成沙发的色彩，使其与无彩色系的空间形成对比，可以为空间带来一丝柔和与温暖。

③ 绿色植物的加入为空间增添了清新与自然的氛围。

④ 大面积的落地窗使空间看上去更加通透。

3.1.8 威尼斯红 & 宝石红

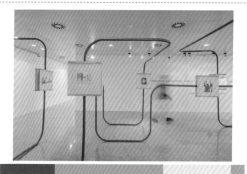

① 这是一款健身俱乐部泳池区域的环境艺术设计。

② 空间以威尼斯红为主色，高饱和度的色彩在空间中营造出热情而又富有激情的空间效果。配以白色的明亮的灯光对空间进行照射，通过光与影的结合使威尼斯红产生不同的明暗程度和渐变的效果。

③ 通过形状、材料以及颜色上的强烈对比，为空间带来充满力量的动态感觉。

① 这是室内展馆展览区域的环境艺术设计。

② 高饱和度的宝石红色是一种浓郁而又优雅的色彩，将其作为展示载体的主色，能够与简约淡然的展示元素形成鲜明的对比，营造出热情、浪漫的展示空间。

③ 以"线与插画打造独特空间体验"为设计主题，将展示载体设置成曲线形式，使整个空间看上去充满活力且富有动感。

3.1.9 灰玫红 & 优品紫红

① 这是一款酒店大堂内休息区域的环境艺术设计。

② 将地面设置成灰玫红色，并与深灰色的墙面相搭配，打造温和、低调且不失温暖氛围的空间效果。

③ 混凝土板与抛光的大理石地板形成强烈的对比关系。

① 这是一款咖啡馆陈列空间的环境艺术设计。

② 以优品紫红为空间的主色，优雅甜美的色彩与灰绿色相搭配，低饱和度的配色方案打造简约而又具有现代感的展示空间。

③ 樱桃木材质的边框增强了壁板的节奏感，同时与樱桃木置物架和霓虹灯等一系列精妙的细部形成呼应。

3.2 橙

3.2.1 认识橙色

橙色：橙色是自然界中常见的色彩，温暖、热情，通常情况下能够营造出欢快且富有活力的空间氛围。

色彩情感：收获、热情、活跃、激情、华丽、健康、兴奋、温暖、欢乐、辉煌。

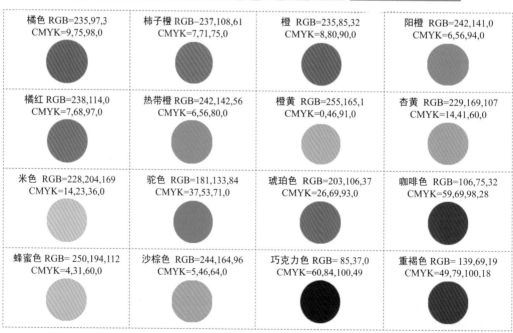

橘色 RGB=235,97,3 CMYK=9,75,98,0	柿子橙 RGB=237,108,61 CMYK=7,71,75,0	橙 RGB=235,85,32 CMYK=8,80,90,0	阳橙 RGB=242,141,0 CMYK=6,56,94,0
橘红 RGB=238,114,0 CMYK=7,68,97,0	热带橙 RGB=242,142,56 CMYK=6,56,80,0	橙黄 RGB=255,165,1 CMYK=0,46,91,0	杏黄 RGB=229,169,107 CMYK=14,41,60,0
米色 RGB=228,204,169 CMYK=14,23,36,0	驼色 RGB=181,133,84 CMYK=37,53,71,0	琥珀色 RGB=203,106,37 CMYK=26,69,93,0	咖啡色 RGB=106,75,32 CMYK=59,69,98,28
蜂蜜色 RGB=250,194,112 CMYK=4,31,60,0	沙棕色 RGB=244,164,96 CMYK=5,46,64,0	巧克力色 RGB=85,37,0 CMYK=60,84,100,49	重褐色 RGB=139,69,19 CMYK=49,79,100,18

3.2.2　橘色 & 柿子橙

❶ 这是一款住宅内就餐区域的环境艺术设计。

❷ 将餐桌设置成橘色，热情而又欢快的色彩使其成为空间中的视觉中心，低调的白色和稳重的深实木色将高饱和度的色彩进行中和，避免了过于刺眼的色彩搭配带来的审美疲劳。

❸ 灶台位于窗户下方，使主人在做饭时也能享受到地中海的美景。

❶ 这是一款公寓内洗手间的环境艺术设计。

❷ 柿子橙是一种清新而又从容的色彩，将其设置为空间的主色，配以深灰色的地面和深实木色的柜门，打造热情而不失温馨的空间氛围。

❸ 空间以矩形元素和直线线条为主要的设计元素，打造平稳、规整的空间布局。

3.2.3　橙 & 阳橙

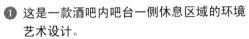

❶ 这是一款酒吧内吧台一侧休息区域的环境艺术设计。

❷ 橙色是一种热情温暖的色彩，渐变的蓝色系色彩配以少量的橙色作为点缀，对比色的配色方案为空间营造出强烈的视觉冲击力。

❸ 大理石材质与类似软塞的材料相搭配，金色系的天花板搭配暖色调的灯光，使空间看上去华丽、优雅。

❶ 这是一款室内篮球场的环境艺术设计。

❷ 将地面设置成阳橙色，鲜活而又愉快的色彩作为空间的主色，配以少许的红色作为点缀，营造出充满激情与动感的运动空间。

❸ 大面积的落地玻璃使空间看上去更加通透明亮。右侧墙壁上的壁画生动有力，增强了空间的动感与视觉冲击力。

3.2.4　橘红 & 热带橙

① 这是一款校园入口处的环境艺术设计。

② 将导视牌设置成橘红色，鲜亮而又温暖的色彩与纯净的白色相搭配，提高了整体效果的明亮程度，同时也通过橘红色高饱和度的性质使其成为整体空间的视觉中心。

③ 曲线形式的布局使整个空间看上去更加生动、亲切。

① 这是一款室外艺术装置的环境艺术设计。

② 热带橙是一种充满活力且不失温和的色彩，将其作为空间中的主色，并与自然界中植物的绿色相搭配，营造出温馨和谐的空间氛围。

③ 充气属性使装置元素外部更加饱满，为空间带来了勃勃生机与朝气。

3.2.5　橙黄 & 杏黄

① 这是一款餐厅内就餐区域的环境艺术设计。

② 空间以蓝黑色为底色，配以浓郁而又愉悦的橙黄色，对比色的配色方案为原本沉稳的空间带来一丝活力，增强整体空间的视觉冲击力。

③ 木质地板与丝绒材质相搭配，营造出温馨且优雅的空间氛围。

① 这是一款以"胶囊"为主题的酒店的环境艺术设计。

② 低饱和度配色方案营造出平稳、复古的空间效果，杏黄色在空间中起到了调节氛围的作用，将浓郁的色调进行中和，为空间带来一丝清新与优雅。

3.2.6　米色 & 驼色

① 这是一款办公空间会议室的环境艺术设计。
② 米色是一种平稳而又温馨的色彩，将其作为空间的主色，并配以深灰色的花盆和绿色的植物对空间进行点缀，低饱和度的纯色配色方案打造了自然和谐的空间效果。
③ 内嵌形式的置物区域通过柔和的线条与办公桌形成呼应，使空间看上去更加温和。

① 这是一款餐厅就餐区域的环境艺术设计。
② 将驼色作为空间的背景色，温和而又平稳的色彩使整个空间更加宁静、温馨。
③ 将镜面元素加入平静而又低调的就餐空间中，可以增强区域的空间感与通透感。

3.2.7　琥珀色 & 咖啡色

① 这是一款行政办公区域的环境艺术设计。
② 将办公区域的外侧设置成琥珀色，将浓郁而又沉稳的色彩作为空间的底色，使整个空间温馨、平和而不失俏皮，并配以少许的黑色作为点缀，使空间更加稳重、踏实。
③ 零星、散碎的黑色装饰元素在规整的空间布局中有效地将氛围变得活跃。

① 这是一款海景别墅大厅区域的环境艺术设计。
② 咖啡色的实木元素将空间的色彩进行沉淀，使空间整体更加稳重、质朴。配以低饱和度的座椅和高饱和度的挂画，打造和谐、温馨的空间氛围。
③ 屋顶中央设有大尺寸的天窗，使空间更加通透、明亮。

3.2.8　蜂蜜色 & 沙棕色

❶ 这是一款住宅楼梯区域的环境艺术设计。

❷ 蜂蜜色热情而不失优雅，将其作为空间的主色，配以黑色与深实木色的地板，在平稳厚重的空间中增添了一丝活力与柔和。

❸ 以稳固的矩形和整三角形为主要的装饰元素，使空间看上去更加平稳。

❶ 这是一款儿童医院诊疗区域的环境艺术设计。

❷ 沙棕色温和而不失俏皮，将其作为空间的主色，与受众人群的审美更加贴合。

❸ 左右两侧白色的遮挡帘清透明亮，配以简单且充满趣味性的图案，打造轻松、愉悦的就诊空间。

3.2.9　巧克力色 & 重褐色

❶ 这是一款公寓内餐厅区域的环境艺术设计。

❷ 巧克力色醇厚、稳重，空间以白色为底色，纯净的色彩搭配浓郁的巧克力色，可以打造庄重、高雅的就餐环境。

❸ 将曲线线条作为空间主要的装饰元素，通过柔和的线条，打造浪漫、唯美的空间效果。

❶ 这是一款公寓客厅处的环境艺术设计。

❷ 重褐色稳重踏实，将其作为渐变色的末端，与纯净的白色相交接，通过过渡平稳的色彩，打造温馨、微妙的空间效果。

❸ 墙面仿佛被从天而降的雾气晕染，轻拢慢涌地迷蒙着，上方是浓白，下方是墙面与装饰的原本样子，两者之间的过渡极为自然，宛如天作。

3.3 黄

3.3.1 认识黄色

黄色：黄色是一种可见性极佳的暖色调，在众多色彩中能够瞬间吸引受众的注意，通常情况下能够为空间营造出欢快、温暖的视觉效果。

色彩情感：惊喜、华丽、警告、高贵、愉悦、灿烂、轻盈、辉煌、轻薄。

黄 RGB=255,255,0 CMYK=10,0,83,0	铬黄 RGB=253,208,0 CMYK=6,23,89,0	金 RGB=255,215,0 CMYK=5,19,88,0	香蕉黄 RGB=255,235,85 CMYK=6,8,72,0
鲜黄 RGB=255,234,0 CMYK=7,7,87,0	月光黄 RGB=155,244,99 CMYK=7,2,68,0	柠檬黄 RGB=240,255,0 CMYK=17,0,84,0	万寿菊黄 RGB=247,171,0 CMYK=5,42,92,0
香槟黄 RGB=255,248,177 CMYK=4,3,40,0	奶黄 RGB=255,234,180 CMYK=2,11,35,0	土著黄 RGB=186,168,52 CMYK=36,33,89,0	黄褐 RGB=196,143,0 CMYK=31,48,100,0
卡其黄 RGB=176,136,39 CMYK=40,50,96,0	含羞草黄 RGB=237,212,67 CMYK=14,18,79,0	芥末黄 RGB=214,197,96 CMYK=23,22,70,0	灰菊黄 RGB=227,220,161 CMYK=16,12,44,0

3.3.2　黄 & 铬黄

❶ 这是一款城市内公共区域休息处的环境艺术设计。

❷ 黄色是一种鲜亮而又活跃的色彩，在空间中与热情的红色相搭配，营造出欢快、亲切的空间氛围。

❸ 灵活的旋转长椅使空间更具生机与活力，可旋转的属性打破了人与人之间的隔阂。

❶ 这是一款连锁储物店的室内环境艺术设计。

❷ 将铬黄色作为空间的主色，纯净的白色与深邃的黑色将其衬托得更加显眼，打造出鲜明而又充满个性化的空间效果。

❸ 空间简洁却不乏设计元素，使狭窄的空间洋溢着轻松而又活跃的气息。

3.3.3　金 & 香蕉黄

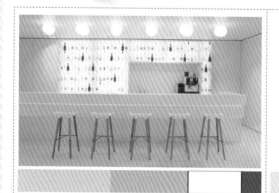

❶ 这是一款办公空间吧台区域的环境艺术设计。

❷ 将金色作为空间的背景色，营造出欢快而又活跃的空间氛围，并配以纯净的白色和低纯度的蓝色对空间进行点缀，使空间更加清新、纯净。

❸ 整齐陈列的瓶子元素通过高纯度、高饱和度的蓝色与金色的背景形成鲜明对比，可以增强空间的视觉冲击力。

❶ 这是一款公寓顶楼的环境艺术设计。

❷ 香蕉黄是一种温和而又平稳的色彩，将其与鲜活的红色相搭配，营造出热情、欢快的空间氛围。

❸ 该空间以"极点之上的反弹"为设计主题，通过造型独特的唤醒元素增强空间的视觉冲击力，同时也营造出了活跃且富有动感的空间氛围。

3.3.4 鲜黄 & 月光黄

① 这是一款青年旅馆客房区域的环境艺术设计。
② 以鲜亮且充满活力的鲜黄色为空间的主色，使其能够瞬间抓住受众的眼球，采用少许的粉红色、蓝色和绿色等色彩作为点缀色，打造清新且热情的空间氛围。
③ 以线条和色块为主要的装饰元素，打造清新、饱满的空间效果。

① 这是一款家具展览区域的环境艺术设计。
② 月光黄是一种愉快、平和、稳定的色彩，将其作为空间的主色，与温和且浓郁的杏黄色相搭配，营造出温暖而又热情的空间氛围。
③ 将展示元素不规则地进行陈列，使空间的氛围更加活跃。

3.3.5 柠檬黄 & 万寿菊黄

① 这是一款公共休息区域的环境艺术设计。
② 将柠檬黄设置为空间的主色，大面积的色块使空间看上去更加鲜活夺目，配以少许的深青色作为点缀，对鲜活亮丽的色彩进行中和。
③ 大面积的不锈钢面板采用喷水处理，形成坚实的金属表面。灯具通过镜面反射产生独特效果。

① 这是一款校园内教室区域的环境艺术设计。
② 万寿菊黄是一种温暖且热情的色彩，将其作为空间的主色，通过大面积的万寿菊黄与低调平稳的底色相搭配，打造鲜活而不失纯净的空间效果。
③ 利用鲜活的色彩将简约的空间进行装饰，可以打造纯净且富有活力的空间效果。

3.3.6　香槟黄 & 奶黄

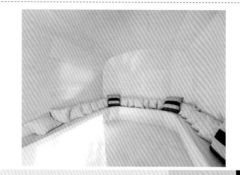

① 这是一款办公区会议室的环境艺术设计。

② 空间以低调平稳的无彩色系为底色，并将灯光设置为平和、轻柔的香槟黄，通过低饱和度的配色方案营造出稳固而又温和的办公空间。

③ 空间布局搭配简洁规整，具有稳定人心的作用。

① 这是一款学生公寓内休闲区域的环境艺术设计。

② 将背景设置成奶黄色，通过光照的效果，打造不同的明暗程度，使空间整体充满了色彩的变化，也营造出了清新、温和的空间氛围。

③ 整齐排列的抱枕使空间看上去更加柔和、舒适。

3.3.7　土著黄 & 黄褐

① 这是一款办公楼内就餐区域的环境艺术设计。

② 空间以无彩色系中的黑、白、灰为主色调，配以少量的土著黄色，为平稳的空间增添了一丝温和与儒雅。少许的蓝灰色对空间进行点缀，使空间的色彩更加丰富。

③ 丰富的灯光元素简约且充满个性，打造明亮且前卫的空间氛围。

① 这是一款办公区域的环境艺术设计。

② 黄褐色稳重而不失俏皮，将其作为空间中的主色，在淡然平稳的空间中形成视觉中心，打造时尚前卫的办公空间。

③ 以线条为主要的设计元素，流畅的线条使整个空间看上去更加规整、大气。

3.3.8 卡其黄 & 含羞草黄

① 这是一款教育中心打卡与存包处的环境艺术设计。

② 通过色彩将空间进行明确的划分，将低饱和度的蓝灰色作为背景，卡其黄色作为空间的主色，打造稳重而不失鲜活的空间氛围。

③ 空间布局规整，区域划分明确，以矩形为主要的装饰元素，打造规整、稳重的空间效果。

① 这是一款酒吧外侧花园内就餐区域的环境艺术设计。

② 将座椅设置成含羞草黄，活跃而又灵动的色彩使其在纯净的空间中显得更为清亮，打造出清新、舒适的就餐环境。

③ 空间将植物元素与实木材质相结合，营造出自然、温馨的视觉效果。

3.3.9 芥末黄 & 灰菊黄

① 这是一款公寓内洗手间区域的环境艺术设计。

② 芥末黄是一种温和又不失清新的色彩，将其作为空间的主色，配以纯净的白色与低调优雅的灰色作为底色，打造出令人身心舒适的空间氛围。

③ 镜面材质将灯光元素进行反射，打造出明亮规整的空间效果。

① 这是一款住宅区域一层的环境艺术设计。

② 将温和淡雅的灰菊色作为空间的主色调，配以座椅的黄褐色作为点缀，相同色系的配色方案打造和谐统一且富有层次感的空间效果。

③ 大面积的窗户使空间看上去更加通透、明亮。

3.4 绿

3.4.1 认识绿色

绿色：绿色是与大自然和植物紧密相关的色彩，该色彩既不属于冷色也不属于暖色，介于黄色与青色之间，具有缓解疲劳、使人身心愉悦等作用。

色彩情感：青春、自然、清新、平稳、健康、友善、生机、通行、健康、环保。

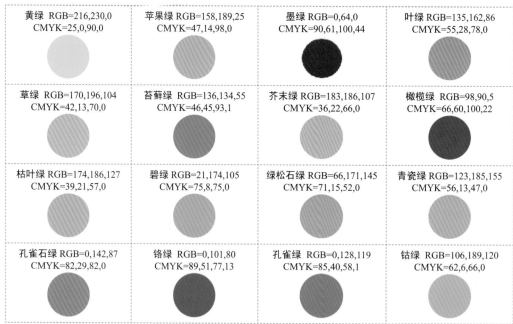

黄绿 RGB=216,230,0 CMYK=25,0,90,0	苹果绿 RGB=158,189,25 CMYK=47,14,98,0	墨绿 RGB=0,64,0 CMYK=90,61,100,44	叶绿 RGB=135,162,86 CMYK=55,28,78,0
草绿 RGB=170,196,104 CMYK=42,13,70,0	苔藓绿 RGB=136,134,55 CMYK=46,45,93,1	芥末绿 RGB=183,186,107 CMYK=36,22,66,0	橄榄绿 RGB=98,90,5 CMYK=66,60,100,22
枯叶绿 RGB=174,186,127 CMYK=39,21,57,0	碧绿 RGB=21,174,105 CMYK=75,8,75,0	绿松石绿 RGB=66,171,145 CMYK=71,15,52,0	青瓷绿 RGB=123,185,155 CMYK=56,13,47,0
孔雀石绿 RGB=0,142,87 CMYK=82,29,82,0	铬绿 RGB=0,101,80 CMYK=89,51,77,13	孔雀绿 RGB=0,128,119 CMYK=85,40,58,1	钴绿 RGB=106,189,120 CMYK=62,6,66,0

3.4.2　黄绿 & 苹果绿

❶ 这是一款办公空间内洽谈区域的环境艺术设计。

❷ 狭小的空间以黄绿色为主色，鲜明的色彩使空间看上去更加鲜活、出众，高饱和度的色彩避免了狭小空间的紧迫感，使人身心放松。

❸ LED 灯配以竹藤材质，与地面形成呼应，为空间营造出贴近自然的氛围。

❶ 这是一款酒店楼顶露天阳台处的环境艺术设计。

❷ 将墙体设置成苹果绿色，纯粹、清雅的色彩与空间中的实木色相搭配，营造出自然、清新的空间氛围。

❸ 通过周围的植物与苹果绿相搭配，营造出和谐统一的空间氛围。

3.4.3　墨绿 & 叶绿

❶ 这是一款餐厅就餐区域的环境艺术设计。

❷ 空间色泽浓郁、高雅，深邃的墨绿色与大气的博朗底酒红色和实木色相搭配，营造出高贵、独特的空间氛围。

❸ 设计师将复古元素融入现代设计，白橡木、漆松木镶板和红色皮革材质为空间增添了家庭般的温暖。

❶ 这是一款餐厅简餐区域的环境艺术设计。

❷ 以叶绿色为主色，通过清新淡雅的色彩与浅实木色和白色的背景色相搭配，营造出温馨舒适且不失自然的空间氛围。

❸ 照明元素采用简单的灯带与弧形的样式，将传统捷克酒吧与现代化室内风格相结合。

3.4.4 草绿 & 苔藓绿

① 这是一款办公室内高尔夫区域的环境艺术设计。

② 草绿色是一种来自自然界的色彩，清新、自然，将其作为空间的主色，与深实木色的地板相搭配，让人联想到自然景观。橙黄色的文字在清新自然的空间中格外显眼。同时也增强了空间的视觉冲击力。

③ 大面积的落地窗使空间更加通透、明亮。

① 这是一款餐厅内就餐区域的环境艺术设计。

② 苔藓绿是一种稳重而又深厚的色彩，将其作为空间的主色，与深厚的深灰色相搭配，打造出浓郁、低调的空间氛围。

③ 将实木材质的座椅放置在空间的中心位置，并在周围配以绿色植物，营造自然的空间氛围。

3.4.5 芥末绿 & 橄榄绿

① 这是一款银行功能服务区域的环境艺术设计。

② 芥末绿是一种温暖而又平稳的色彩，将其作为空间的主色，使空间的氛围更加温和，以纯净的白色作为底色，将空间进行提亮。

③ 以直线线条为主要的设计元素，上下两侧规整的线条与棱角分明的展示区域组合，打造出具有强烈空间感和层次感的空间效果。

① 这是一款酒吧休闲区域的环境艺术设计。

② 低饱和度的橄榄绿是一种稳重而又坚硬的色彩，将其作为空间的主色，并配以温馨、低调的米色作为点缀，打造坚固、大气的空间氛围。

③ 干净的大理石、灰泥和布料营造出一种能够吸引和刺激肉体感官的氛围。

3.4.6 枯叶绿 & 碧绿

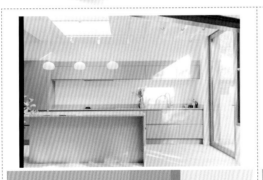

① 这是一款住宅内厨房区域的环境艺术设计。
② 将枯叶绿作为空间的主色，含蓄淡雅的色彩与纯净的白色相搭配，打造清新、素雅的空间氛围。
③ 空间简洁大气，深灰色水磨石材质的加入，为空间带来一丝稳重的气氛。
④ 简约的灯光与空间的整体风格相融合，打造和谐统一的空间氛围。

① 这是一款餐厅就餐区域的环境艺术设计。
② 碧绿色青翠、悠扬，在空间中营造出高贵、优雅的氛围。同色系的配色方案过渡自然，配以鲜活的红色进行点缀，可以增强空间的视觉冲击力。
③ 天花板上的镜子元素增强了室内的空间感。
④ 灯光元素简约低调，并集中照射在餐桌上，突出了空间主题。

3.4.7 绿松石绿 & 青瓷绿

① 这是一款餐厅就餐区域的环境艺术设计。
② 绿松石绿是一种优雅高贵的色彩，将其作为空间的主色，并配以自然界植物的绿色，打造清新、精致的空间氛围。
③ 空间以黑色和灰色为底色，配以多彩的灯光，打造梦幻、生动的空间氛围，并将座椅设置为清新而又充满活力的绿松石绿，为展览空间增添了一丝自然与灵动。

① 这是一款旅店内客房区域的环境艺术设计。
② 青瓷绿是一种清新又不失稳重的色彩，将其作为墙面的背景色，将无彩色系的挂画进行凸显，并配以低饱和度的黄色对空间进行点缀，打造清新、温暖的空间氛围。
③ 壁灯元素简约却不失造型感，与天花板上简约的吊灯形成呼应，使空间的氛围更加和谐统一。

3.4.8 孔雀石绿 & 铬绿

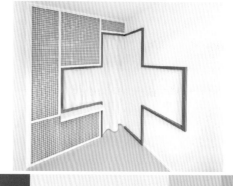

① 这是一款餐厅就餐区域的环境艺术设计。

② 将地面设置为孔雀石绿，青翠高雅的色彩与浅实木色相搭配，打造自然清新的就餐氛围。

③ 以"航空"为设计主题，将宇航员的形象设置在空间中显眼的位置，在增强空间趣味性的同时也与主题相互呼应。

① 这是一款牙科诊所会诊空间的环境艺术设计。

② 铬绿色清新又不失稳重，将其作为空间的主色，并与无彩色系中的黑、白、灰相搭配，打造出安稳且充满希望的视觉效果。

③ 铬绿色的十字架形象与空间的主题相互呼应。将其分布在左右两侧的墙壁之上，好似相互投射而形成的视觉效果。

3.4.9 孔雀绿 & 钴绿

① 这是一款餐厅就餐区域的环境艺术设计。

② 将座椅设置成孔雀绿，高雅而又青翠的色彩与实木色相搭配，打造出温馨、高贵的空间氛围。

③ 在空间的左右两侧设置绿植，对空间进行点缀，为空间增添了一丝清新与自然，并通过色彩将其与座椅相互呼应，使整个空间更加和谐统一。

① 这是一款药店零售区域的环境艺术设计。

② 将钴绿色设置为空间的主色，并配以深绿色的座椅，同色系的配色方案打造青翠、纯净的空间氛围。

③ 将标志设置在吧台后方的背景墙之上，增强了空间的层次感，同时也对空间的主题进行了烘托。

3.5 青

3.5.1 认识青色

青色：青色是一种相较而言较难辨别的色彩，在可见光谱中介于绿色和蓝色之间，通常情况下象征着坚强、希望、古朴和庄重。

色彩情感：青翠、稳重、悠扬、伶俐、古朴、庄重、复古、沉静、神秘。

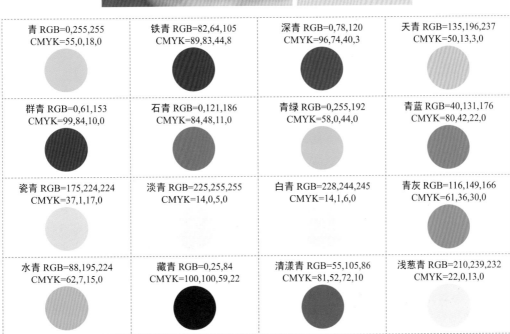

青 RGB=0,255,255
CMYK=55,0,18,0

铁青 RGB=82,64,105
CMYK=89,83,44,8

深青 RGB=0,78,120
CMYK=96,74,40,3

天青 RGB=135,196,237
CMYK=50,13,3,0

群青 RGB=0,61,153
CMYK=99,84,10,0

石青 RGB=0,121,186
CMYK=84,48,11,0

青绿 RGB=0,255,192
CMYK=58,0,44,0

青蓝 RGB=40,131,176
CMYK=80,42,22,0

瓷青 RGB=175,224,224
CMYK=37,1,17,0

淡青 RGB=225,255,255
CMYK=14,0,5,0

白青 RGB=228,244,245
CMYK=14,1,6,0

青灰 RGB=116,149,166
CMYK=61,36,30,0

水青 RGB=88,195,224
CMYK=62,7,15,0

藏青 RGB=0,25,84
CMYK=100,100,59,22

清漾青 RGB=55,105,86
CMYK=81,52,72,10

浅葱青 RGB=210,239,232
CMYK=22,0,13,0

3.5.2 青 & 铁青

① 这是一款咖啡馆休息与就餐区域的环境艺术设计。

② 空间通过浓厚的色彩与咖啡的本质形成呼应，配以少许的青色作为点缀，为空间增添一丝青翠与鲜亮。

③ 将长桌设置在空间的中心区域，不规则的边缘活跃空间氛围。

① 这是一款餐厅就餐区域的环境艺术设计。

② 铁青色高雅、淳厚，将其作为暖色调空间中的点缀色，浓郁的色彩为空间营造出温暖而又稳重的空间氛围。

③ 墙上的弧形木板条与干练的黄铜线条形成对比，丝绒材质的椅子靠背使空间看上去更加温暖。

3.5.3 深青 & 天青

① 这是一款候车大厅内部就餐区域的环境艺术设计。

② 将座椅以深青色作为主色，浓厚而又平和的色彩与温暖的实木色相搭配，打造出优雅而又稳重的空间氛围。

③ 餐厅局部和售酒区一瞥，橡木和油毡营造出一种优雅而年轻的室内氛围。

① 这是一款公寓内起居室的环境艺术设计。

② 将沙发设置成天青色，清凉而又平和的色彩在空间中与稳重的芥末黄和深厚的实木色相搭配，冷暖色调的配色方案打造出温和、舒适的空间氛围。

③ 空间以木质为主要材质，沙发中间的孔洞可以使柱子穿过沙发，可调节的靠背，使住户既可躺下，也可坐着交谈。

3.5.4　群青 & 石青

❶ 这是一款酒吧室外就餐区域的环境艺术设计。

❷ 将座椅设置为群青色，深邃而又前卫的色彩打造出亮眼而又时尚的就餐氛围。

❸ 将整个餐饮区设置为圆形的外观，并将室外的座椅围绕着建筑而陈设，贯穿室内外的圆形壁灯与空间整体相互呼应，形成一种类似于旋转木马的游乐氛围。

❶ 这是一款住宅内楼梯口处的环境艺术设计。

❷ 将墙面的背景设置为石青色，沉稳又不失清澈的色彩搭配深实木色的地板和绿色系的地毯，打造出清新、前卫的空间氛围。

❸ 绿色植物、实木材质、针织地毯等元素使空间看上去更加温馨、舒适。

3.5.5　青绿 & 青蓝

❶ 这是一款商店内收银区域的环境艺术设计。

❷ 以无彩色系中的黑、白、灰为底色，配以青翠、悠扬的青绿色和高雅的群青色，打造清爽而又高冷的空间氛围。在左侧的展示区域设有少量的鲜黄色作为点缀，增强了空间的视觉冲击力。

❸ 以弧形线条与矩形为主要的设计元素，通过"刚"与"柔"的碰撞，打造简约又不失设计感的消费空间。

❶ 这是一款室内办公室区域的环境艺术设计。

❷ 将办公桌后方的置物架设置成青蓝色，浓厚而不失优雅的色彩营造出舒适且充满艺术氛围的办公空间。

❸ 规整简洁的空间布局使办公区域的条理性更加清晰，搭配舒适简约的桌椅，人性化的设计理念可以增强办公空间的舒适感。

3.5.6 瓷青 & 淡青

① 这是一款酒店空间休息区域细节处的环境艺术设计。

② 将空间的背景设置为瓷青色，渐变的色彩效果增强了空间的层次感。背景上黑白色相间的挂画通过对比色的配色方案来增强空间的视觉冲击力。实木材质的圆桌使空间看上去更加温馨舒适。

① 这是一款办公室内咖啡厅区域的环境艺术设计。

② 淡青色的外观与实木材质相搭配，打造清新与温馨并存的空间效果。

③ 通过颜色将区域进行明确的划分，精致的咖啡厅区域与不加修饰的天花板形成鲜明的对比。

3.5.7 白青 & 青灰

① 这是一款住宅内客厅区域的环境艺术设计。

② 将沙发设置成纯净而又清凉的白青色，在空间中将其与实木色相搭配，打造出干净而又温和的空间氛围。

③ 将镜子元素陈列在沙发上方，将对面的空间进行反射，避免了太过素雅、单一的空间效果。

① 这是一款艺术装置展览空间的环境艺术设计。

② 将展示元素设置成青灰色，平和淡然而又不失稳重的色彩在空间中与温暖的实木色和朝气蓬勃的绿色植物形成鲜明对比。

③ 空间以"休憩的动物"为主题，因此将睡眠中的动物模型陈列在空间的中心位置，为空间增添一丝安慰与宁静。四周的实木材质与植物元素使人瞬间联想到大自然。

3.5.8 水青 & 藏青

❶ 这是一款英语培训机构教室区域的环境
艺术设计。

❷ 水青色是一种青翠而又纯净的色彩，将其
作为空间的主色，并采用同色系的配色方
案，打造清凉、醒目的空间效果。

❸ 将创意性极强的字母元素悬挂在左侧的墙
壁和后方的置物架上，与空间的主题相互
呼应。

❶ 这是一款餐厅内就餐区域的环境艺术设计。

❷ 藏青色稳重又不失高雅，将其设置为壁灯
的色彩，高饱和度的颜色在无彩色系的背
景下格外显眼。桌面上放置的烛台摇曳着
橘色的微光，为平淡的空间增添了一丝视
觉冲击力。

❸ 不规则的艺术壁灯使空间看上去充满艺术
气息。

3.5.9 清漾青 & 浅葱青

❶ 这是一款办公室内工作区域的环境艺术设计。

❷ 将办公区域的背景设置为清漾青色，古朴
而又纯净的色彩创造出了幽深而又充满自
然气息的办公氛围。

❸ 同色系的配色方案打造出和谐统一的空间
氛围。

❹ 简约的灯光与纯净的地面、座椅形成呼应。

❶ 这是一款咖啡馆内前台零售区域的环境
艺术设计。

❷ 将背景设置成浅葱青色，清亮而又纯净的
瓷砖墙面搭配具有金属光泽的菜单，打造
出明净、轻奢的空间氛围。

❸ 用产品的颜色将空间的整体色泽进行沉淀，
避免了过于清淡的色彩造成的审美疲劳。

3.6 蓝

3.6.1 认识蓝色

蓝色：蓝色是来自大自然的一种常见色彩，通常情况下会让人们第一时间联想到天空、海洋、宇宙与科技等，纯净的色彩能够营造出冷静、理智、安详等氛围。

色彩情感：科技、广阔、冷酷、理智、安详、浪漫、安全、冷酷、冰冷、清爽。

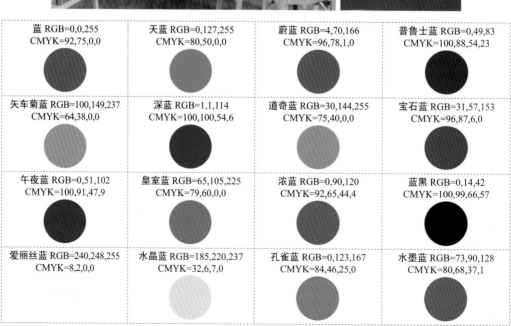

蓝 RGB=0,0,255
CMYK=92,75,0,0

天蓝 RGB=0,127,255
CMYK=80,50,0,0

蔚蓝 RGB=4,70,166
CMYK=96,78,1,0

普鲁士蓝 RGB=0,49,83
CMYK=100,88,54,23

矢车菊蓝 RGB=100,149,237
CMYK=64,38,0,0

深蓝 RGB=1,1,114
CMYK=100,100,54,6

道奇蓝 RGB=30,144,255
CMYK=75,40,0,0

宝石蓝 RGB=31,57,153
CMYK=96,87,6,0

午夜蓝 RGB=0,51,102
CMYK=100,91,47,9

皇室蓝 RGB=65,105,225
CMYK=79,60,0,0

浓蓝 RGB=0,90,120
CMYK=92,65,44,4

蓝黑 RGB=0,14,42
CMYK=100,99,66,57

爱丽丝蓝 RGB=240,248,255
CMYK=8,2,0,0

水晶蓝 RGB=185,220,237
CMYK=32,6,7,0

孔雀蓝 RGB=0,123,167
CMYK=84,46,25,0

水墨蓝 RGB=73,90,128
CMYK=80,68,37,1

3.6.2 蓝 & 天蓝

① 这是一款小吃酒吧座位区域的环境艺术设计。

② 高饱和度的蓝色鲜明而又冷冽，将其设置在低饱和度的暖色空间中，使其成为整个空间的视觉中心，为平稳淡然的空间增添了视觉冲击力。

③ 通过风格简约的小摆件和装饰品来点缀空间，营造出温馨、饱满的空间氛围。

① 这是一款花店内部展览区域的环境艺术设计。

② 将展示台的底色设置为天蓝色，纯净又不失沉稳的色彩，通过面积的对比与色彩丰富的花朵形成鲜明的对比，来增强空间的视觉冲击力。

③ 不加修饰的斑驳背景墙面与色彩单一而又纯净的展示台形成鲜明对比。

3.6.3 蔚蓝 & 普鲁士蓝

① 这是一款餐厅店铺外观的环境艺术设计。

② 蔚蓝色是一种平和而又广阔的色彩，将其设置为空间的主色，并与粉红色相搭配，打造出前卫而不失浪漫的空间氛围。

③ 入口处的圆形灯光与室内装饰照明元素相互呼应，打造出和谐统一的空间氛围。

① 这是一款酒店内客房区域的环境艺术设计。

② 将墙面的背景设置为普鲁士蓝色，深邃高雅的色彩营造出平稳、低调而又不失奢华之感的居住空间，与温和、浪漫的粉红色调装饰元素相搭配，打造出具有轻奢氛围的居住环境。

③ 通透的落地窗能够使室内的光线更加充足。

3.6.4 矢车菊蓝 & 深蓝

① 这是一款住宅内开放式厨房的环境艺术设计。

② 矢车菊蓝是一种纯净而又优雅的色彩，将其作为空间的主色，并与橙色调的框架相结合，低饱和度的配色方案为空间增添了少许的视觉冲击力。

③ 空间由两组大理石案台和橱柜组合而成，简约的开放式厨房使空间看上去更加通透、温馨。

① 这是一款办公建筑内大厅的环境艺术设计。

② 将中心区域的环形座椅设置为深蓝色，浓郁而又高雅的色彩形成视觉中心，打造出明亮、简洁、现代化的空间氛围。

③ 天花板上的文字吊灯与座椅在形状上形成呼应，左侧采用暖色调的灯光将入口处照亮，通过冷暖色调的对比使空间充满活力。

3.6.5 道奇蓝 & 宝石蓝

① 这是一款电视台内演播室的环境艺术设计。

② 以深浅不一的实木色色条为空间的主色调，打造温馨、平和的空间氛围。在中心区域增添道奇蓝色的色条，为平稳的空间增添一丝清凉与自然。

③ 不同长度、角度的装饰元素使空间更具层次感与空间感。

① 这是一款室内咖啡馆的环境艺术设计。

② 空间将镀膜玻璃背景墙面设置为宝石蓝色，晶莹而又纯净的色彩与纯白色的品牌标识相结合，打造清澈、前卫的空间氛围。

③ 以线条为主要的设计元素，相同的方向使空间看上去既和谐又富有律动感。

3.6.6 午夜蓝 & 皇室蓝

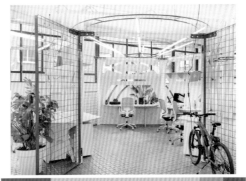

❶ 这是一款酒店公共休息区域的环境艺术设计。

❷ 将沙发设置成午夜蓝色，深邃而又平和的色彩与实木色相搭配，为空间增添了一丝温暖与优雅。

❸ 空间选取了细腻而整洁的北欧风格，橡木地板、天鹅绒材质的沙发以及天然的木质元素，打造天然、优雅的休息环境。

❶ 这是一款室内办公区域的环境艺术设计。

❷ 将网格设置为皇室蓝，纯净而又高雅的色彩在空间中与热情的红色和鲜亮的黄色相搭配，打造出丰富、饱满且充满视觉冲击力的空间效果。

❸ 以线条为主要的设计元素，利用网格将室内的空间进行划分，通透的隔断可以使空间的视线更加开阔。

3.6.7 浓蓝 & 蓝黑

❶ 这是一款住宅内厨房区域的环境艺术设计。

❷ 将灶台的柜门设置为浓蓝色，沉稳而又内敛的色彩与实木色相搭配，打造低调、平和、温馨的空间氛围。

❸ 空间的格局相对对称，打造出稳固、平稳的空间氛围。

❶ 这是一款住宅内卧室区域的环境艺术设计。

❷ 将靠背设置为蓝黑色，深邃而又沉静的色彩将空间的氛围进行沉淀，搭配暖色调的配色方案，营造出温暖舒适的空间氛围。

❸ 低饱和度的配色方案搭配富有年代感的装饰元素，打造复古氛围的空间效果。

3.6.8　爱丽丝蓝 & 水晶蓝

① 这是一款公寓内餐厅区域的环境艺术设计。
② 以无彩色系为底色，配以低饱和度的深红色座椅和淡雅的爱丽丝蓝色天花板，打造简约、淡然、低调的就餐空间。
③ 空间布局相对对称，规整有序的空间效果与弧线形式的天花板相互结合，在平稳之中增添了一丝律动感。

① 这是一款校园的后花园的环境艺术设计。
② 水晶蓝是一种清澈而又纯净的色彩，在空间中将其与鲜亮的黄色相搭配，打造鲜活而又清新的空间氛围。
③ 充满设计感的户外定制家具以图形为主要的设计元素，简约的图形构造出供人们休息的座椅，打造自然、舒适的空间氛围。

3.6.9　孔雀蓝 & 水墨蓝

① 这是一款酒吧餐厅吧台区域的环境艺术设计。
② 将地面设置成孔雀蓝，浓郁而又高贵的色彩与暖色调的实木色形成鲜明对比，以增强空间的视觉冲击力，打造高雅、温馨的空间氛围。
③ 空间通过新旧材料，共同打造一个优雅而充满趣味和活力的餐厅。

① 这是一款办公室内办公区域的环境艺术设计。
② 空间以水墨蓝为主色，通过稳重而又沉静的色彩，使办公空间更加宁静、平和，使受众更加平静。
③ 相对对称的空间布局搭配裸露的、不加修饰的天花板，形成精致与粗糙的鲜明对比，使空间更具设计感。

3.7 紫

3.7.1 认识紫色

紫色：紫色是由温暖热情的红色和沉静平和的蓝色融合而成的色彩，不同的调和比例受色彩属性的影响会为空间营造出不同的视觉效果。

色彩情感：高雅、淡然、醒目、浪漫、温馨、华贵、清冷、神圣、尊贵。

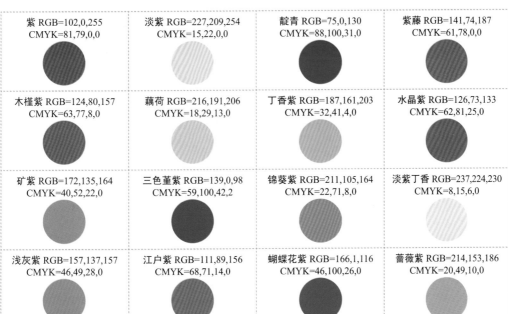

紫 RGB=102,0,255
CMYK=81,79,0,0

淡紫 RGB=227,209,254
CMYK=15,22,0,0

靛青 RGB=75,0,130
CMYK=88,100,31,0

紫藤 RGB=141,74,187
CMYK=61,78,0,0

木槿紫 RGB=124,80,157
CMYK=63,77,8,0

藕荷 RGB=216,191,206
CMYK=18,29,13,0

丁香紫 RGB=187,161,203
CMYK=32,41,4,0

水晶紫 RGB=126,73,133
CMYK=62,81,25,0

矿紫 RGB=172,135,164
CMYK=40,52,22,0

三色堇紫 RGB=139,0,98
CMYK=59,100,42,2

锦葵紫 RGB=211,105,164
CMYK=22,71,8,0

淡紫丁香 RGB=237,224,230
CMYK=8,15,6,0

浅灰紫 RGB=157,137,157
CMYK=46,49,28,0

江户紫 RGB=111,89,156
CMYK=68,71,14,0

蝴蝶花紫 RGB=166,1,116
CMYK=46,100,26,0

蔷薇紫 RGB=214,153,186
CMYK=20,49,10,0

3.7.2 紫&淡紫

① 这是一款住宅内更衣室走廊的环境艺术设计。
② 将左右两侧的布帘设置为紫色，华贵、高雅的色彩在同色系的配色方案中通过其高饱和度的属性形成视觉中心，打造和谐统一且充满层次感的空间效果。
③ 以相对对称的形式进行设计，配以矩形元素，形成规整有序的空间效果。布质遮挡帘自然向下垂落，打破了空间的规整与呆板，增强了空间的活跃感。

① 这是一款卧室内休息区域的环境艺术设计。
② 将床头设置为淡紫色，清淡而又柔和的色彩在浓郁且丰富的配色中尤为突出，为自然、温馨的空间又增添了一丝浪漫与梦幻。
③ 背景墙以"自然"为设计主题，墙纸的设计选取自然界的植物，并在床头柜的左侧摆放盆栽，与主题和背景相互呼应，打造自然且和谐统一的空间氛围。

3.7.3 靛青&紫藤

① 这是一款餐厅内就餐区域的环境艺术设计。
② 将椅子和背景墙上的装饰元素设置为靛青色，浓郁而又沉稳的色彩在蓝灰色背景的衬托下格外突出，并配以少许金色进行点缀，打造具有强烈视觉冲击力的空间氛围。

① 这是一款办公空间的环境艺术设计。
② 将室内低矮的座椅设置成高纯度的紫藤色，中性色的属性使其在暖色调的空间中更加突出，并配以鲜亮热情的鲜红色对空间进行点缀，打造温暖而又独特的办公空间。
③ 实木元素的应用，使空间看上去更加温暖、踏实。

3.7.4 木槿紫 & 藕荷

1. 这是一款办公室入口区域的环境艺术设计。
2. 将入口处的门设置为木槿紫色，内敛而又沉稳的色彩在空间中与深实木色相搭配，打造温暖、稳重的办公氛围。
3. 将入口处的门设置成置物架的形式，人性化的设计理念突出了空间的实用性与多功能性，在丰富空间的同时也提升了用户体验感。

1. 这是一款创意公司会面区域的环境艺术设计。
2. 将空间的背景设置为藕荷色，儒雅而又温和的色彩通过低饱和度的同色系配色方案，打造平和的会面氛围。
3. 灵活的会面区域将直线线条与曲线线条相结合，使空间氛围看上去更加活跃、丰富。

3.7.5 丁香紫 & 水晶紫

1. 这是一款沙龙店内理发区域的环境艺术设计。
2. 空间以灰色为主色调，选用丁香紫作为辅助色，淡雅的丁香紫色通过其低饱和度的属性与平和沉稳的空间形成呼应，加深了空间主题氛围的渲染。
3. 天花板上铝合金的装饰元素精美、闪耀且充满活力与设计感。

1. 这是一款花店内部的环境艺术设计。
2. 在色彩纯净的背景中间增添了一抹水晶紫色，优雅而又平稳的色彩使空间看上去更加温和。
3. 空间简约淡然，直线线条与曲线线条元素的结合，打造平和、规整的空间氛围。花朵元素的加入既活跃了气氛，又与空间的主题形成呼应，一举两得。

3.7.6 矿紫 & 三色堇紫

① 这是一款餐厅就餐区域的环境艺术设计。
② 将座椅设置成矿紫色，温和、厚重的色彩与自然、友善的灰绿色相搭配，以低饱和度的配色方案来打造温馨、舒适的就餐空间。
③ 墙边处的白色装饰元素采用格子的样式，打造活跃优雅的就餐环境。座椅以背靠背的形式进行摆放，使空间看上去更加温馨、热情。

① 这是一款餐厅内就餐区域的环境艺术设计。
② 将背景设置成三色堇紫色，高贵优雅的色彩使空间看上去充满了浪漫、华丽的氛围，配以少许的浅实木色桌椅，对浓郁的色彩进行中和，避免了太过浓郁的色彩造成的审美疲劳。
③ 简约厚重的皮质靠背将色调进行沉淀。

3.7.7 锦葵紫 & 淡紫丁香

① 这是一款住宅内大厅区域的环境艺术设计。
② 将左侧的门设置为锦葵紫色，优雅不失热情的色彩在空间中与深青色相搭配，形成了明显的对比效果。
③ 阶梯式的墙壁和墙角的弧线元素，使空间看上去更加饱满、轻松。

① 这是一款办公室内交谈区域的环境艺术设计。
② 将地面设置成淡紫丁香色，柔和而又梦幻的色彩与沉稳、神秘的80%炭灰相搭配，理性与感性的碰撞使整个空间看上去更加舒适温和。
③ 层次丰富的实木元素墙壁装饰延伸至天花板，与下方的交谈区域形成呼应。

3.7.8　浅灰紫 & 江户紫

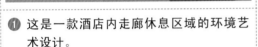

❶ 这是一款酒店内走廊休息区域的环境艺术设计。

❷ 将沙发设置成浅灰紫色，淡雅、悠然的色彩使空间看上去更加柔和、平稳。

❸ 金属材质的壁灯与低矮的茶几和沙发座椅形成呼应，使空间看上去更加高贵、优雅。

❹ 曲线形式的沙发座椅与右侧的拱门形成呼应，使空间看上去更加和谐统一。

❶ 这是一款酒吧内交谈区域的环境艺术设计。

❷ 空间以江户紫为主色调，温和、平稳的色彩与浓郁的黄褐色相搭配作为背景，营造出安静，平稳的交谈氛围。

❸ 空间是由舒适的矮凳围合而成的半封闭式交谈空间，既确保了隐私性，又具有通透性。

❹ 简约的灯光元素在照亮空间的同时，也使氛围更加活跃。

3.7.9　蝴蝶花紫 & 蔷薇紫

❶ 这是一款办公空间内会议室的环境艺术设计。

❷ 以无彩色系中的黑、白作为空间底色，并将座椅设置成蝴蝶花紫色，通过浪漫而又优雅的色彩使办公氛围更加活跃。

❸ 背景墙以线条为主要的设计元素，简约而又灵活的花纹使狭小的空间看上去丰富、饱满。

❶ 这是一款餐厅就餐区域的环境艺术设计。

❷ 将背景墙面设置为蔷薇紫色，温和、甜美的色彩营造出平稳而不失活跃的空间氛围。

❸ 以粉色金属元素贯穿用餐空间，与暖色调的木质桌面共同营造出一种甜蜜的氛围。

3.8 黑、白、灰

3.8.1 认识黑、白、灰

黑色：黑色是一种十分强大的色彩，能够包容世间万物。将其应用在设计当中，通常情况下会被用于底色，使其起到良好的衬托和辅助作用。

色彩情感：稳重、低沉、神秘、优雅、庄严、科技、严肃、权力、黑暗、极端、恐怖、苦闷。

白色：白色是一个中立的色彩，与黑色一样，常常被用作背景色，可以营造出简洁、干净的空间氛围。

色彩情感：纯净、正直、简洁、清凉、纯洁、明朗、善良、纯真、高尚、轻快、典雅、恬静。

灰色：灰色是一种介于黑色与白色之间的色彩，没有色相与纯度，只具有明度。灰色复杂、混沌，使人捉摸不定。

色彩情感：温和、沉稳、善变、寂寞、冷清、暗淡、温和、平静、低沉、落寞、包容、友善。

白 RGB=255,255,255 CMYK=0,0,0,0	月光白 RGB=253,253,239 CMYK=2,1,9,0	雪白 RGB=233,241,246 CMYK=11,4,3,0	象牙白 RGB=255,251,240 CMYK=1,3,8,0
10%亮灰 RGB=230,230,230 CMYK=12,9,9,0	50%灰 RGB=102,102,102 CMYK=67,59,56,6	80%炭灰 RGB=51,51,51 CMYK=79,74,71,45	黑 RGB=0,0,0 CMYK=93,88,89,88

3.8.2 白 & 月光白

① 这是一款移动冰激凌店外观的环境艺术设计。
② 以无彩色系中的黑、白色调为主，对比色的配色方案增强了空间的视觉冲击力。同时也通过这两种色彩营造出纯净而又平和的空间氛围。
③ 在外观的里面整齐地排列着白色圆筒造型，通过新奇有趣的设计元素与空间的主题相互呼应。

① 这是一款灯具的展览空间的环境艺术设计。
② 月光白是在白色中加了一点淡淡的黄色混合而成的色彩，温和淡然且不失纯净温暖，将其与黑色、灰色相搭配，打造纯朴而又平静的空间氛围。
③ 将展品并齐陈列在空间中，摒弃了过多的装饰技巧，较为直接的陈列方式使产品之间产生明确对比。

3.8.3 雪白 & 象牙白

① 这是一款咖啡馆内前台局部的环境艺术设计。
② 雪白色清凉纯净，将其作为空间的主色，使空间看上去更加清爽、干净。
③ 开放式展架既可以展示面包，又可以放置餐具。通过规整的布局，营造出整齐有序的空间氛围。

① 这是一款酒吧吧台区域的环境艺术设计。
② 空间以无彩色系中的黑、白色为背景色，纯净而又平稳的色彩与少许的象牙白色相搭配，温馨而又淡然的点缀色为空间增添了一丝温馨。
③ 不加修饰的白色砖墙与右侧规整有序的置物架和操作台形成鲜明对比，突出了空间的个性。

3.8.4　10% 亮灰 & 50% 灰

① 这是一款住宅内餐厅区域的环境艺术设计。
② 将空间的背景设置为 10% 亮灰色，平和又不失纯净，搭配实木色的地板，鲜亮的黄色桌子和浓郁的蓝色座椅，打造出温馨且时尚的就餐空间。
③ 空间简约且充满设计感，带有直线纹理的背景墙使空间看上去更加饱满。
④ 可移动的餐桌使空间的使用更加便捷。

① 这是一款住宅内起居室的环境艺术设计。
② 50% 灰是一种稳重且高雅的色彩，将其与实木色的家具相搭配，打造温馨舒适、平和稳重的空间氛围。
③ 内嵌式的电视背景墙可以起到节省空间的作用，并与茶几、地板和橱柜形成弧形，打造和谐统一的空间氛围。

3.8.5　80% 炭灰 & 黑

① 这是一款办公室前台区域的环境艺术设计。
② 将前台设置成 80% 炭灰色，沉稳平和的色彩与白色的文字形成鲜明对比，在无彩色系的空间中形成强烈的对比效果，增强了空间的视觉冲击力。
③ 通过矩形模块使空间区域划分更加明确，打造规整有序的空间布局。

① 这是一款教学楼内走廊区域的环境艺术设计。
② 在无彩色系的空间中，采用黑色的图形和文字作为视觉引导，增强了空间的视觉冲击力，同时也营造出了稳重、平和的空间氛围。
③ 通过简约的图案和文字对空间进行明确的解释说明，便捷且具有易识别性。

第4章 环境艺术设计的空间分类

环境艺术设计是一门综合性的学科，在设计的过程中，会将建筑室内外进行整合，例如，客厅、卧室、餐厅、书房、卫生间、玄关、休息室、创意空间、庭院、商业空间等，均在设计的范围之内。

4.1 客厅

客厅又叫起居室，是室内使用较为频繁的公共空间，装饰装修风格与整个空间的风格协调统一，在设计的过程中，既注重美观性，又注重实用性。

特点：

◆ 风格明确。

◆ 个性鲜明。

◆ 区域划分合理。

◆ 通常情况下会摆放植物盆栽。

4.1.1　客厅展示

设计理念：这是一款住宅内起居室的环境艺术设计。以"极富艺术气息的自然居所"为设计理念，通过简约而不失内涵的家具或装饰元素对空间进行装饰，与空间的主题相互呼应。

色彩点评：空间色彩淡然温和，黑白两色的家具搭配深实木色的座椅，并配以绿色植物对空间进行点缀，打造温馨且自然的空间氛围。

① 在天花板处设置一个带有镂空纹理的实木材质天窗，通过阳光的照射和光与影的结合，会将纹理映设在墙壁之上，在无形之中对墙壁进行装饰，同时，自然光线的融入也使整个空间看上去更加温馨、亲切。

② 家具简约又不失设计感，纺织元素与石材的相互搭配在空间中形成了"刚"与"柔"的对比。

③ 沙发、座椅与茶几均应用了曲线元素，使空间氛围更加温和、舒适。

- RGB=36,31,27　CMYK=80,79,82,63
- RGB=210,208,204　CMYK=21,17,18,0
- RGB=133,140,97　CMYK=56,41,69,0
- RGB=153,140,130　CMYK=47,45,46,0

这是一款住宅内客厅区域的环境艺术设计。以"打破空间的束缚"为设计理念，轻松随意的摆放位置和柔软舒适的沙发与坐垫使整个空间看上去更加舒适惬意。以铁锈红为背景，低饱和度的色彩温和、复古，与灰色调的纺织材质组合成高雅、温和的空间氛围。

- RGB=131,71,57　CMYK=51,78,79,18
- RGB=205,203,209　CMYK=23,19,14,0
- RGB=156,154,154　CMYK=45,38,35,0
- RGB=28,27,26　CMYK=84,80,80,65

这是一款别墅内客厅区域的环境艺术设计。橄榄绿色的地毯与室内外的绿植相呼应，大量纺织元素的应用使空间更加温馨柔和。

- RGB=115,95,54　CMYK=60,61,88,16
- RGB=131,131,130　CMYK=56,47,45,0
- RGB=128,123,113　CMYK=58,51,54,1
- RGB=62,48,43　CMYK=72,75,77,48

4.1.2 客厅设计技巧——风格统一的色调

色彩的搭配与选择是客厅设计中重要的环节之一，其中风格统一的色调能够在空间中形成色彩上的呼应，使整个空间看上去更加协调统一。

这是一款住宅内客厅区域的环境艺术设计。空间以低沉浑厚的灰色为主色调，打造商务、大气的室内氛围。并排陈列的矩形风景挂画为空间带来了少许的彩色，使室内空间沉稳却不沉闷。

这是一款住宅公寓内客厅区域的环境艺术设计。以实木材质为主，大面积的浅实木色调打造了温馨、温暖的空间氛围。配以少量的绿色调和蓝色调作为点缀，增添了一丝清新与自然的氛围。

配色方案

双色配色

三色配色

五色配色

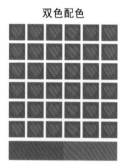

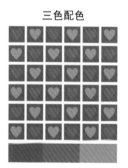

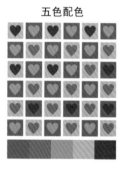

佳作欣赏

4.2 卧室

卧室又称卧房，是人们用来休息睡觉的房间，是室内设计中最注重隐私的空间之一，在设计的过程中，需要根据卧室主人的喜好进行设计与搭配，造型既要和谐统一，又要不乏变化的效果，还要温馨舒适。

特点：

◆ 排布规划合理。

◆ 讲究舒适与情调的完美统一。

◆ 多采用暖色调。

◆ 注重墙面的装饰。

4.2.1 卧室展示

设计理念：这是一款酒店内客房卧室区域的环境艺术设计。以"轻奢复古风"为设计主题，通过低调而不失设计感的装饰元素与空间的设计主题形成呼应。

色彩点评：整体采用浓郁而又复古的低饱和度色调对空间进行装饰。以蓝灰色作为墙面的背景色，搭配浓郁的黄色调窗帘，打造温暖而又稳重的居住氛围。

① 左右两侧的壁灯在色彩上与窗帘形成呼应，暖色调的灯光营造出了温馨的空间氛围，并与床头灯形成呼应，金属材质的外观精巧、雅致，与壁灯后面的背景墙搭配，营造出了轻奢的氛围。

② 纵向纹理的实木地板，为空间营造出了自然、温和的空间视觉效果。

③ 软包床头采用直线线条与曲线线条的形式进行设计，形成了与窗帘相互呼应的规整的褶皱感，带来柔软、舒适的感觉。

■ RGB=50,63,72 CMYK=84,72,63,31
■ RGB=149,93,37 CMYK=48,66,100,8
■ RGB=40,40,43 CMYK=82,78,72,53
■ RGB=232,167,62 CMYK=13,42,80,0

这是一款住宅公寓内卧室区域的环境艺术设计。以实木材质为主要的设计元素，将房间中一半的面积打造出一个包含床、书柜、衣柜的整体大家具，既节省空间，又增强了空间的设计感。

■ RGB=179,156,120 CMYK=36,40,55,0
■ RGB=234,234,234 CMYK=10,7,7,0
■ RGB=103,90,77 CMYK=65,63,69,16
■ RGB=30,26,16 CMYK=81,79,90,68

这是一款酒店内客房卧室的环境艺术设计。空间色彩丰富，低饱和度的配色方案使整个空间饱满且风格统一。大量的图形和色块活跃了室内空间氛围。

■ RGB=24,95,153 CMYK=89,64,22,0
■ RGB=234,188,166 CMYK=10,33,33,0
■ RGB=36,31,25 CMYK=79,78,84,64
■ RGB=136,133,140 CMYK=54,57,39,0
■ RGB=63,119,80 CMYK=79,45,81,5

在室内设计中，点、线、面是三种相对而言的造型设计基础元素。在设计的过程中，通过各种元素之间的有机结合与搭配，共同造就了室内设计本身。

这是一款酒店内卧室的环境艺术设计。空间以面和线为主要的设计元素，背景墙是由线条和色块组合而成的多边形装饰，深浅不一的配色使空间看上去更加活跃。左右两侧的吊灯采用简约的线条，增强了空间的设计感。

这是一款酒店内卧室的环境艺术设计。空间采用大量规整的直线线条和矩形作为装饰元素，打造出整体规整有序的空间氛围。在床头和镜子的选择上，稍加曲线，可以活跃空间氛围。

配色方案

双色配色

三色配色

五色配色

佳作欣赏

4.3 餐厅

餐厅是我们日常吃饭和与人沟通交流的公共场所，在设计的过程中应注意布局的流畅与安全性，重光线、色调、桌椅等元素的安排，在视觉上给人以和谐统一的感觉。

特点：

◆ 注重实用性和效果相结合。

◆ 温暖的光线。

◆ 流畅、便利。

4.3.1 餐厅展示

设计理念：这是一款公共餐厅就餐区域的环境艺术设计。通过丰富的色彩、饰面和纹理为消费者带来独特的用餐体验。

色彩点评：空间背景采用深青灰色，低饱和度的色彩沉稳却不失柔和，与橙色调的座椅相搭配，冷暖色调的对比搭配方案使整个空间看上去更加饱满、温和。

🔘 样式独特、层次丰富的吊灯和带有几何图案的水磨石地面也丰富了空间的整体体验。

🔘 高挑的落地镜具有延伸空间的作用。

🔘 环形座椅的搭配方式使空间的氛围更加轻松舒适，同时也更加方便人与人之间的交流与沟通。

- RGB=73,86,90 CMYK=77,64,59,15
- RGB=195,114,86 CMYK=29,65,66,0
- RGB=189,188,194 CMYK=30,24,19,0
- RGB=210,173,154 CMYK=22,37,37,0

这是一款餐厅就餐区域的环境艺术设计。充分利用外露的工业性砖墙和巨大的拱形玻璃窗，打造工业化的餐厅氛围。以深棕色的裸露砖墙为底色，搭配多组对比色调，来增强空间的视觉冲击力。

- RGB=82,38,13 CMYK=60,84,100,49
- RGB=197,183,3 CMYK=32,26,97,0
- RGB=29,109,125 CMYK=86,53,48,2
- RGB=128,2,14 CMYK=49,100,100,27
- RGB=131,100,76 CMYK=55,63,72,9

这是一款餐厅就餐区域的环境艺术设计。通过淡然的色彩和低调的元素打造冷静、简约、适宜的美。圆形壁灯简约且充满设计感，是空间的点睛之笔。配以少许的绿色植物对空间加以点缀，增强了空间自然的氛围。

- RGB=206,198,187 CMYK=23,22,25,0
- RGB=75,59,48 CMYK=59,72,78,40
- RGB=55,52,47 CMYK=76,73,76,46
- RGB=93,100,57 CMYK=69,55,89,16

4.3.2　餐厅设计技巧——区域划分明确的就餐空间

区域的明确划分在空间中具有一种向导性和说明性，能够让受众在第一时间认知到每个区域的具体分类和属性。

这是一款餐厅就餐区域的环境艺术设计。采用橘色的矩形框在地面将空间的区域进行划分，使空间形成左、中、右三大区域，每个区域所针对的顾客人群各不相同。明确的区域划分使空间的布局更加规整有序。

这是一款餐厅就餐区域的环境艺术设计。以狭小的空间打造温馨泰式风格。通过座位的陈设对空间区域进行划分，目的明确、辨识性强。

配色方案

双色配色

三色配色

五色配色

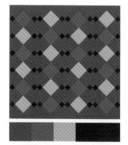

佳作欣赏

4.4 书房

书房，又称家庭工作室，既是家庭的一部分，又是办公室的延伸，用于阅读、学习、工作等，因此在设计的过程中，要营造出宁静、沉稳的感觉，人在其中才不会心浮气躁。

特点：

◆ 色调沉稳。

◆ 氛围安静。

◆ 注重采光与照明。

4.4.1 书房展示

设计理念：这是一款住宅内书房区域的环境艺术设计。通过右侧规整的布局和合理化的空间规划打造精致的小空间。

色彩点评：黑色的书柜色调沉稳，与沙发和背景墙的色彩形成呼应，平稳低沉的色彩为空间奠定稳重的情感基调，浅实

木色的地板搭配深灰色的地毯，打造平稳而又不失温暖的空间氛围。

🐾 高挑的书柜分为上下两个部分，封闭式与半开放式的布局更具实用性。

🐾 圆形的地毯与低矮的茶几形成呼应，给规整狭小的空间带来一丝活跃生动的氛围。

🐾 飘窗的上方采用带有设计感的纯白色窗框，在活跃氛围的同时也增强了空间的设计感。

- RGB=29,29,29 CMYK=84,79,878,63
- RGB=107,106,104 CMYK=66,58,56,5
- RGB=22,42,52 CMYK=91,78,68,48
- RGB=216,215,211 CMYK=18,14,16,0

这是一款复式楼公寓内书房区域的环境艺术设计。以线条为主要的设计元素，从墙壁一直延伸至楼梯处，为狭小的空间增添横向的延伸感。黄绿色调的沙发座椅搭配以深红色为主色调的地毯，使空间的氛围更加温馨、活泼。

- RGB=163,149,60 CMYK=45,40,88,0
- RGB=46,40,28 CMYK=76,75,87,58
- RGB=90,34,29 CMYK=57,89,89,46
- RGB=184,185,189 CMYK=32,25,22,0
- RGB=48,27,14 CMYK=71,82,93,64

这是一款 Loft 公寓内书房区域的环境艺术设计。浅浅的实木材质营造出淡然柔和的空间氛围。以矩形和直线线条为主要的设计元素，打造规整有序的空间氛围，并配以少许的绿色植物进行点缀，为空间增添了一丝清新的氛围。

- RGB=224,206,180 CMYK=16,21,31,0
- RGB=22,21,17 CMYK=84,80,85,70
- RGB=87,84,64 CMYK=69,62,77,24
- RGB=139,138,134 CMYK=52,44,44,0

书房的设计通常情况下会采用沉稳的色调，低饱和度的色彩更容易让人觉得安静和沉稳，更有利于人们静下心来。

这是一款公寓内书房区域的环境艺术设计。书房背景的黑色墙面在棕色橡木的衬托下格外醒目。沉稳的色调使空间的氛围更加沉静、平和。

这是一款住宅内书房区域的环境艺术设计。深孔雀蓝色的书柜与深实木色的圆形桌椅相搭配，打造复古、沉稳且优雅的书房空间氛围。

配色方案

双色配色

三色配色

五色配色

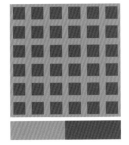

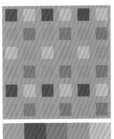

佳作欣赏

4.5 卫生间

卫生间是厕所、洗手间、浴池的合称。一个小小的卫生间，要满足洗漱、沐浴、如厕等需要，甚至还需带有收纳、洗衣、烘干、干湿分离等功能。因此，卫生间在设计的过程中，既要注意美观性，又要注重空间的实用性。

特点：

◆ 注重干湿分离。

◆ 巧妙规划、利用空间。

4.5.1 卫生间展示

设计理念：这是一款建筑住宅内卫生间区域的环境艺术设计。简约的配饰营造出明净且大气的空间氛围。

色彩点评：将背景设置为深灰绿色，平稳而又悠扬，与厚重的深实木色和灰色调的瓷砖相搭配，将空间的氛围进行沉淀，使空间的整体氛围更加平和。

🔘 单色的马赛克瓷砖是整个空间的亮点，也是主要的装饰元素，增强了空间的设计感。

🔘 白色的大理石台面在整个空间中明度最高，让空间更富有层次。

🔘 以深色实木材质来将空间的色调进行沉淀。

RGB=112,135,126 CMYK=63,42,51,0
RGB=60,58,62 CMYK=78,73,67,37
RGB=206,206,201 CMYK=23,17,20,0
RGB=143,115,77 CMYK=52,57,75,4

这是一款住宅内卫生间区域的环境艺术设计。将墙面和地面均铺设瓷砖，风格相同的纹理使空间和谐统一，并充满了艺术气息。实木材质的点缀为硬朗的空间增添了一丝温暖与柔和。

RGB=163,149,60 CMYK=45,40,88,0
RGB=46,40,28 CMYK=76,75,87,58
RGB=90,34,29 CMYK=57,89,89,46
RGB=184,185,189 CMYK=32,25,22,0

这是一款建筑住宅内卫生间区域的环境艺术设计。左右两侧采用人字形的纹理，形成呼应，增强了空间之间的关联性。无彩色系的配色方案配以植物进行点缀，使封闭性的空间多了一丝清新与自然。

RGB=32,28,27 CMYK=82,80,79,64
RGB=112,98,89 CMYK=63,62,63,10
RGB=80,62,45 CMYK=67,71,83,39
RGB=239,226,209 CMYK=8,13,19,0

4.5.2 卫生间设计技巧——圆形元素活跃空间氛围

图形是环境艺术设计中常用的设计元素之一，其中，圆形元素的应用可以通过自身圆滑、柔和等属性来活跃空间氛围。

这是一款酒吧卫生间的环境艺术设计。鲜红活泼的红色使空间的氛围更加活跃。圆形的镜子元素将活跃的区域再次进行反射，同时也为直线构成的空间增添了一分柔和。

这是一款三明治店内卫生间的环境艺术设计。通过色彩和材质将空间的区域进行划分，大面积的圆形镜子元素穿插在两种颜色之间，柔化了直线边缘，活跃了空间气氛。

配色方案

双色配色

三色配色

五色配色

佳作欣赏

4.6 玄关

玄关又称门厅，是指建筑物入门处到正厅之间的一段转折空间，在环境艺术设计中具有一定的缓冲、装饰与隔断的作用。

特点：

◆ 注重间隔与私密性。

◆ 美观与实用性并存。

◆ 统一的风格与情调。

◆ 具有装饰和隔断效果。

4.6.1　玄关展示

设计理念：这是一款公寓室内玄关区域的环境艺术设计。通过简洁低调的空间

氛围和多彩的圆形装饰元素，打造和谐温馨且带有一丝复古氛围的室内空间。

色彩点评：空间背景配色柔和淡然，在走廊处天花板上设置两盏鲜红色的吊灯，高饱和度的色彩使其形成空间的视觉中心，并配以彩色的衣挂与其形成呼应。

① 纵横交错的实木材质地板使空间的氛围更加丰富活跃，流动性较强。

② 镜子元素的加入使人们在进出门时可以随时调整自己的仪态，实用性强。

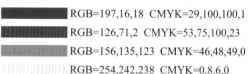

RGB=197,16,18 CMYK=29,100,100,1
RGB=126,71,2 CMYK=53,75,100,23
RGB=156,135,123 CMYK=46,48,49,0
RGB=254,242,238 CMYK=0,8,6,0

这是一款住宅内玄关区域的环境艺术设计。风格样式统一，尺寸、色彩不尽相同的墙面和地面纹理定义出空间内部的统一感。盆栽元素点缀在墙壁之上，与绿色的座椅形成呼应，并搭配实木材质，为空间增添了清新、自然与稳重感。

■ RGB=77,94,97 CMYK=76,61,58,11
■ RGB=92,71,63 CMYK=66,70,72,68
■ RGB=142,163,119 CMYK=52,29,60,0
■ RGB=193,204,204 CMYK=29,16,19,0

这是一款工作室内玄关区域的环境艺术设计。中心区域裸露的砖墙与左右两侧的玻璃形成"精致"与"粗糙"的对比。绿色植物的点缀增强了整体的自然氛围。

■ RGB=109,64,33 CMYK=56,76,97,33
■ RGB=112,98,89 CMYK=56,76,97,31
■ RGB=41,42,45 CMYK=82,77,72,51
■ RGB=152,152,149 CMYK=47,38,38,0

实木材质是典型的绿色环保材料，具有不可代替的天然性和良好的可加工性，经久耐用、易于搭配。

这是一款森林木屋内玄关区域的环境艺术设计。以实木材质为主要设计元素，淡然的色彩搭配富有层次感的纹理，打造自然、温和的空间氛围。

这是一款住宅内玄关区域的环境艺术设计。实木材质的家居装饰元素将空间的区域进行划分，打造出合理化的温馨空间氛围。

配色方案

双色配色

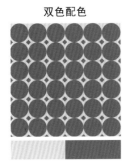

三色配色

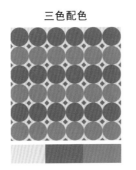

五色配色

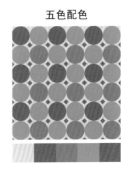

佳作欣赏

4.7 休息室

休息室是人们用来休息和放松的空间，能够让人们经过短暂的休息使得身心得到放松与修复，因此在设计的过程中要着重注意人们的体验与感受。

特点：

◆ 色调平稳。

◆ 注重舒适度。

◆ 氛围安静。

◆ 使人身心放松。

4.7.1 休息室展示

设计理念：这是一款餐厅内部休息室区域的环境艺术设计。通过低饱和度色彩和昏暗的光线使空间看上去更加温馨舒适。

色彩点评：采用红色调与蓝色调的冷暖对空间的氛围进行渲染，低饱和度的配色方案使整个空间看上去更加沉静、平稳。实木色的点缀能够为受众带来更加温馨的休息体验。

🎈 对空间采用较少的装饰元素，座位后方以直线线条作为隔断和装饰，细致且规整的线条可以打造简约而又规整的空间氛围，更容易让每个受众感受到舒适且不被打扰。

🎈 空间采用大理石材质、实木材质和纺织材质点缀空间，营造出稳固且不失温暖的空间氛围。

🎈 茶几上摆放的植物元素对空间进行点缀，色彩和风格与空间的整体氛围形成呼应，打造和谐统一的空间氛围。

- RGB=117,2,3 CMYK=51,100,100,34
- RGB=150,20,85 CMYK=51,100,52,5
- RGB=7,12,31 CMYK=97,95,71,64
- RGB=94,39,8 CMYK=57,86,100,44

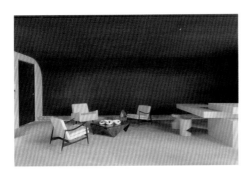

这是一款建筑住宅内休息室区域的环境艺术设计。以无彩色系为主要的背景色调，打造淳厚、温和的空间氛围，并与少许的实木与材质相结合，为厚重坚固的空间增添了一丝温馨与柔和。

- RGB=74,69,67 CMYK=73,69,68,30
- RGB=186,186,187 CMYK=31,25,23,0
- RGB=149,111,89 CMYK=49,60,66,3
- RGB=26,26,27 CMYK=86,85,78,65

这是一款办公空间外侧休息区域的环境艺术设计。在沙发和座椅的下方铺设带有丰富纹理的地毯，使空间的氛围更加温暖热情。皮质材料和丝绒材质的沙发使空间在色调上形成呼应。

- RGB=109,64,33 CMYK=56,76,97,33
- RGB=112,98,89 CMYK=56,76,97,31
- RGB=41,42,45 CMYK=82,77,72,51
- RGB=205,81,61 CMYK=4,81,77,0

4.7.2 休息室设计技巧——舒适的沙发、座椅

舒适的沙发与座椅是休息室必备的元素，柔软舒适的材质能够为人们休息时提供更加舒适、温暖的环境。

这是一款商业办公室内休息室的环境艺术设计。座椅的皮质和纺织元素柔软舒适的混搭给人带来更加舒适的休息体验。

这是一款音乐办公室内休息室的环境艺术设计。将长款的弧形皮质沙发放在空间的中心位置处，柔软舒适的皮质元素增强了空间的舒适度。

配色方案

双色配色

三色配色

五色配色

佳作欣赏

4.8 创意空间

环境艺术设计中的创意空间是通过与众不同且带有一定艺术效果的空间，创造出使人眼前一亮的氛围。

特点：

◆ 风格独特，具有创意性。

◆ 具有丰富的艺术内涵。

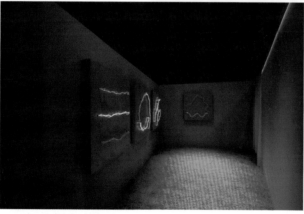

4.8.1　创意空间展示

设计理念：这是一款香氛快闪店展示空间的环境艺术设计。室内氛围简约且充满艺术感，打造出日式传统与现代元素并存的多感官空间。

色彩点评：以无彩色系为空间的主色调，打造简约、淡然的空间氛围。配以少量的黄色调灯光将空间点亮，柔和的光线使整个空间看上去更加温暖、温馨。

🔴 横纵交错、高低不同的展示架为空间带来丰富的层次感。

🔵 带有丰富纹理的大理石材质展示架与地面形成呼应，打造和谐统一的空间氛围。

🟡 空间摒弃了过多的装饰元素，让受众能够在第一时间将视线集中在展示元素的本身上。

- RGB=217,220,230　CMYK=18,13,7,0
- RGB=47,46,53　CMYK=82,78,68,46
- RGB=239,221,199　CMYK=8,16,23,0
- RGB=188,190,204　CMYK=31,24,14,0

这是一款酒店内用餐区域的环境艺术设计。在天花板上安装悬浮金属网艺术装置，结构饱满、层次丰富，使空间整体充满了艺术氛围。并配以向下垂落的深蓝色帷幔，打造大气、优雅、奢华的就餐空间。

- RGB=125,87,43　CMYK=55,67,95,18
- RGB=66,45,33　CMYK=68,77,85,51
- RGB=27,38,91　CMYK=100,99,48,14
- RGB=10,7,12　CMYK=90,87,83,75

这是一款校园内书籍展示墙的环境艺术设计。浅棕色的城市轮廓图配以鲜活的红色作为点缀，整体生动有趣且充满设计感。与背景色调相同的展示架使空间的层次更加丰富。

- RGB=204,154,96　CMYK=26,45,66,0
- RGB=233,227,219　CMYK=11,11,14,0
- RGB=188,40,36　CMYK=33,96,98,1
- RGB=149,159,160　CMYK=48,34,34,0

色彩是创意空间中，独特且充满力量感的装饰元素之一。丰富大胆的配色方案更容易彰显出室内的活跃与前卫。

 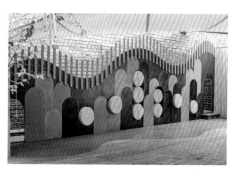

这是一款办公建筑内会议室的环境艺术设计。高饱和度的蓝色和黄色调在室内形成强烈的视觉冲击力，使室内氛围活跃而又醒目。

这是一款户外教室的环境艺术设计。空间采用冷暖的对比色调，高饱和度的铬黄色瞬间成为空间的视觉中心，营造出活泼、轻快的空间氛围。

配色方案

双色配色 三色配色 五色配色

佳作欣赏

4.9 庭院

庭院是指被建筑或围栏等物所包围的室外场地，在设计的过程中，借助园林景观规划设计的各种方式方法，使得居住环境进一步被优化。

特点：

◆ 动静结合。

◆ 视觉平衡。

4.9.1 庭院展示

设计理念：这是一款住宅室外庭院处的环境艺术设计。将人工环境与自然环境相结合，打造规整与自然并存的空间氛围。

色彩点评：以灰色调作为底色，为空间营造出平和、淡然的色彩基调。并将沙发设置为深青色，饱和度较高的色彩使其在空间中更加抢眼，并为空间增添了一丝清爽与优雅。

🌀 庭院内外设有层次丰富的植物，形成呼应，自然景观的融入使整体空间更加清新。

🌀 在空间设置多组沙发座椅，深青色的沙发色彩浓郁，配以中心区域深灰色的沙发将色调进行中和，使空间的氛围更加柔和、亲切。

🌀 将玻璃元素作为空间的隔断，具有防护和间隔的作用。

- RGB=217,220,230 CMYK=18,13,7,0
- RGB=47,46,53 CMYK=82,78,68,46
- RGB=239,221,199 CMYK=8,16,23,0
- RGB=188,190,204 CMYK=31,24,14,0

这是一款别墅住宅室外庭院的环境艺术设计。在空间的右侧种植树木对空间进行装饰与点缀，与绿色调的座椅和抱枕形成呼应。在房屋与墙围围合而成的空间中，放置多组座椅供人们休息，可以增强空间的舒适感。

- RGB=208,204,195 CMYK=22,19,23,0
- RGB=66,45,33 CMYK=68,77,85,51
- RGB=131,153,137 CMYK=48,37,46,0
- RGB=29,27,30 CMYK=84,81,76,63

这是一款住宅室外庭院的环境艺术设计。在庭院的中心区域设置了一个小型的泳池，营造出动静结合的空间效果。四周低矮的植物与舒适的凉亭打造具有强烈归属感的室外庭院空间氛围。

- RGB=217,225,226 CMYK=18,9,11,0
- RGB=116,132,146 CMYK=62,45,37,0
- RGB=217,184,145 CMYK=19,31,44,0
- RGB=178,167,157 CMYK=36,34,36,0

4.9.2 庭院设计技巧——低矮的植物使空间更加亲切

植物是庭院中最为常见的装饰元素之一，低矮的植物由于其较好的可观性与协调性，会为庭院带来更加亲切的空间效果。

这是一款酒店室外庭院的环境艺术设计。在四周放置低矮的植物对空间进行装饰与点缀，并配以两组座椅供人们交谈，在方便人们沟通与交流的同时也增强了空间的亲切感。

这是一款公寓室外小型庭院的环境艺术设计。因为空间狭窄，同时为了不影响窗户的视线和采光，在角落处放置三盆低矮的植物对空间进行点缀，使空间的氛围更加活跃、亲切。

配色方案

双色配色

三色配色

五色配色

 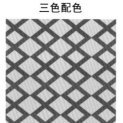 

佳作欣赏

4.10 商业空间

商业空间是人类活动空间中最复杂、最多元的空间类别之一，因此在设计的过程中要充分保持人、物与空间三者之间关系的平衡。

特点：

◆ 善用引人注目的视觉营销。

◆ 通过动线引导行进路线。

4.10.1 商业空间展示

设计理念：这是一款比萨店的就餐区域和楼梯口处的环境艺术设计。空间以红色楼梯与盆栽打造地下舒适的空间氛围。

色彩点评：将楼梯设置为鲜艳的红色，大面积的红色调在色调沉稳的空间中形成视觉中心，增强了空间整体的视觉冲击力。

🔵 空间整体效果轻盈、极简，没有繁杂的细节，裸露的砖墙使空间看上去更加简约、真实。

🔵 在就餐区域设置了种有树木的花盆，营造出一种处在地面层的效果。

🔵 天花板上圆形的装饰元素简洁且充满艺术感，镜面的设计可以将地面空间进行反射，增强空间的层次感与空间感。另一个圆形装饰元素内部采用直线线条，通过直线与曲线之间的对比与衬托增强空间的设计感。

RGB=181,40,34 CMYK=36,96,100,3
RGB=163,153,146 CMYK=42,39,39,0
RGB=56,67,56 CMYK=78,66,76,37
RGB=23,25,29 CMYK=87,82,76,64

这是一款珠宝展厅的环境艺术设计。将珠宝陈列在简洁纯净的展示柜之中，使得元素更加突出。休息区后侧渐变色彩的巨幅编织艺术作品增强了空间的艺术氛围。空间整体色调淡然柔和，打造出温柔、素雅的展示空间氛围。

RGB=201,182,168 CMYK=26,30,32,0
RGB=162,152,150 CMYK=43,40,37,0
RGB=82,41,44 CMYK=63,85,75,44
RGB=247,247,249 CMYK=4,3,2,0

这是一款美容商店产品展示区的环境艺术设计。空间借助拱形门洞和圆角，可以避免产生任何视觉死角。将植物元素放置在门口和吧台区域，更容易吸引来往的行人。粉色调的墙壁更适合受众的审美，同时也营造出了柔和、温暖的空间氛围。

RGB=183,144,125 CMYK=35,47,49,0
RGB=151,144,140 CMYK=48,42,41,0
RGB=221,221,222 CMYK=16,12,11,0
RGB=34,46,22 CMYK=84,68,99,56

4.10.2 商业空间设计技巧——注重主题元素的突出

商业空间，顾名思义，是以商品的交换为主题的空间设计。因此在设计的过程中，要将商品作为主要的展示元素，突出空间的主题氛围，以达到其商业目的。

这是一款健身房内健身区域的环境艺术设计。将健身器材陈列在室内的左右两侧，点明空间主题。

这是一款服装店的环境艺术设计。将服装悬挂在 V 字形的展架之上，大量统一的造型增强了空间的设计感。

配色方案

双色配色

三色配色

五色配色

佳作欣赏

第 5 章

环境艺术设计的风格分类

　　环境艺术设计是对建筑的室内外进行艺术性的综合设计，在设计的过程中要注意元素之间的有机结合，通过设计元素之间的搭配，设计出不同风格类型的空间效果。

　　本章主要介绍环境艺术设计中的室内风格。环境艺术设计风格大致可分为中式风格、简约风格、欧式风格、美式风格、地中海风格、新古典风格、东南亚风格、田园风格和混搭风格等。

- ◆ 中式风格：将庄重与优雅的气质相融合，以深色为主，古典、质朴，具有深厚内涵。
- ◆ 简约风格：简约而不平凡，功能性强，强调室内空间形态和物件的单一性与抽象性。
- ◆ 欧式风格：烦琐精细、豪华大气。
- ◆ 美式风格：客厅简明、厨房开敞、卧室温馨、书房实用，崇尚古典、粗犷大气。
- ◆ 地中海风格：崇尚清新自然的生活氛围，将海洋元素融入家居中。
- ◆ 新古典风格：精雕细琢的同时将线条进行简化，华贵与时尚并存。
- ◆ 东南亚风格：静谧雅致、奔放脱俗，散发着浓郁的自然气息与民族特色。
- ◆ 田园风格：追求原始、自然之美。清新恬淡，超凡脱俗。
- ◆ 混搭风格：混搭并非乱搭，崇尚和谐统一，形散而神不散。

5.1 中式风格环境艺术设计

中式风格环境艺术设计的装饰材料以木材为主，并配有精雕细琢的龙、凤、龟等图案，简约朴素、格调雅致，文化内涵丰富，且与民族文化相互贯通、相互体现、密不可分。在结构设计中讲究四平八稳，遵循均衡对称的原则。

特点：

◆ 具有庄重和优雅双重气质。

◆ 空间层次感强烈。

◆ 色彩浓烈而深沉。

◆ 空间设计左右对称，格调高雅，造型简朴而优美。

◆ 多用隔窗或屏风对空间进行分割。

5.1.1 庄重的环境艺术设计

庄重的中式风格蕴含一定的文化底蕴，透露着浓厚的历史文化气息，用线条把空间塑造得更为简洁精雅。

设计理念：这是一款餐厅就餐区域的环境艺术设计，设计讲究空间的层次感，注重空间的细节，展现出中式文化内涵的韵律。

色彩点评：居室设计崇尚自然，使氛围感更为浓郁、古朴。

🈺 空间采用对称式的布局，造型朴实优美，把整个空间格调塑造得更加高雅。

🈺 青花瓷的装饰盘和暗黄色的梅花背景墙装饰，更能凸显出东方文化的迷人魅力。

🈺 天花板采用内凹式，所形成的方形区域既可以展现出槽灯轻盈感的魅力，又能完美地释放吊灯的简约时尚感。

- RGB=235,229,226 CMYK=10,11,10,0
- RGB=203,161,114 CMYK=26,41,58,0
- RGB=75,28,24 CMYK=61,89,89,54
- RGB=13,12,8 CMYK=88,84,88,75

这是一款卧室的环境艺术设计。使用白色和棕红色作为空间的整体基调。棕红色的座椅、地毯和具有古风气息的背景画，无处不展现出空间庄严、厚重的成熟感。

- RGB=210,194,169 CMYK=22,25,34,0
- RGB=250,248,236 CMYK=3,3,10,0
- RGB=103,103,78 CMYK=66,56,73,11
- RGB=106,48,27 CMYK=55,84,99,36
- RGB=27,6,1 CMYK=80,88,91,74

这是一款卧室的环境艺术设计。以新中式的设计风格，把卧室空间塑造得既有古典美的韵律，又有现代简约的时尚感。

- RGB=229,194,85 CMYK=16,27,73,0
- RGB=233,228,210 CMYK=11,11,19,0
- RGB=151,28,15 CMYK=70,82,93,63
- RGB=80,64,41 CMYK=67,69,88,39
- RGB=15,15,11 CMYK=87,83,87,74

5.1.2 新颖的环境艺术设计

新中式风格是以中国传统文化为背景，再融合当今的时尚元素，营造出富有故土风情的浪漫生活情调。

设计理念：空间设计运用实木、瓷器，使空间传递出中式风格特有的古典气氛。

色彩点评：白色、金色、暗红、黑色

是中式风格空间设计的主色调，外加高挑的空间设计，使环境看起来更加明亮。

⬤1 金色花纹的茶几、青绿色的瓷器和镂空的背景装饰，加深了室内空间的历史文化特色。

⬤2 统一的对称搭配，更能体现出空间的协调性、整体性。

⬤3 吊顶中心装饰了硕大的灯池，使具有文化神韵的空间融合了一点时尚感，令空间更加神采焕发。

RGB=209,203,212 CMYK=21,20,12,0
RGB=141,131,125 CMYK=52,48,48,0
RGB=100,66,47 CMYK=60,73,84,32
RGB=10,10,14 CMYK=90,86,82,74

该作品是开放式的空间装饰设计，使用中式风格设计搭配，令空间更为沉稳庄重，很适合安静、内敛的人居住。

RGB=242,214,197 CMYK=6,21,22,0
RGB=232,230,231 CMYK=11,10,8,0
RGB=166,100,57 CMYK=42,69,85,3
RGB=68,70,63 CMYK=75,67,72,32
RGB=147,51,53 CMYK=46,91,81,14

该作品运用屏风形式做装饰墙，合理地隔开空间，墙面的背景画以及天花板应用统一的梅花图案进行装饰，使整个空间更具统一性，亦塑造出别致雅观的氛围。

RGB=117,176,181 CMYK=58,20,30,0
RGB=224,185,81 CMYK=18,31,74,0
RGB=206,185,148 CMYK=24,29,44,0
RGB=96,98,103 CMYK=70,61,55,7
RGB=117,110,91 CMYK=62,56,66,6

5.1.3 中式风格环境艺术设计技巧——不同部分的精彩构成

在为居室空间进行中式风格设计时，要将传统文化与现代文化有机结合，用装饰语言和符号装点出符合现代人的审美观念的居室空间。

空间将传统与创新完美地结合，使空间感"艳"而不"俗"，把传统文化和现今时尚发挥得淋漓尽致，很受现代年轻人的追捧。

该书房设计作品迎合了中式家居的内敛、质朴风格，使空间更具有古朴和雅致的韵味。

空间运用暗红色的中式经典色彩，把空间塑造得更有古韵，这悠久的点滴余香，让人回味无穷。

配色方案

双色配色	三色配色	五色配色
		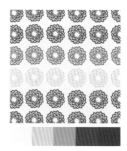

佳作欣赏

5.2 简约风格环境艺术设计

简约风格的环境艺术设计不等同于对环境装饰进行简单的堆砌与平淡的摆放，而是以"务实"为设计的出发点，通过简约而不简单的设计手法，创造出美观、实用而又简约的空间效果。

特点：

- ◆ 外形简洁、功能性强。
- ◆ 强调单一性与抽象性。
- ◆ 追求设计的深度与精度。
- ◆ 线条流畅。
- ◆ 工艺精细。

5.2.1 极简风格的环境艺术设计

极简风格的环境艺术设计崇尚简约而不失质感，在设计的过程中，摒弃复杂，使用简单、基本的装饰元素和少量的色彩与大面积的留白，打造纯粹、简约的空间效果。

设计理念：这是一款住宅内玄关区域的环境艺术设计。通过简洁而又明快的设计手法，打造极简主义且富有诗意的空间氛围。

色彩点评：采用低饱和度的无彩色系

装饰空间，营造出平和、稳重的空间氛围。

（1）空间摒弃了烦琐复杂的设计手法，简约的灯带与圆形的内嵌式壁灯将空间照亮。

（2）通过矩形将空间的区域进行划分，简洁、规整的图形和流畅的直线线条打造极简且富有层次感的空间氛围。

（3）大面积的镜子元素将空间进行反射，使玄关处的空间更为宽阔。

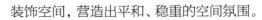

RGB=177,168,61 CMYK=36,33,34,0
RGB=82,75,70 CMYK=71,67,68,26
RGB=180,165,147 CMYK=36,35,41,0
RGB=144,131,123 CMYK=51,49,49,0

这是一款住宅内厨房区域的环境艺术设计。黑、白、灰的配色方案与实木色相搭配，沉稳低调不失温馨。以矩形和直线线条为主要装饰元素，使空间更加规整有序。地面上的格子图案与壁橱形成呼应，使空间更加和谐统一。

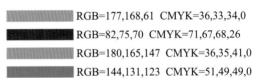

RGB=224,224,224 CMYK=14,11,11,0
RGB=109,88,69 CMYK=62,65,74,18
RGB=29,28,26 CMYK=83,79,80,65
RGB=145,114,87 CMYK=51,58,68,3

这是一款房屋玄关区域的环境艺术设计。在右侧的墙面设置圆形镜子元素对墙面与空间进行装饰，正圆形与空间其他元素形成鲜明对比，为平淡简约的空间增强了视觉冲击力。

RGB=170,128,91 CMYK=41,54,67,0
RGB=181,140,100 CMYK=36,49,63,0
RGB=215,211,210 CMYK=19,16,15,0
RGB=220,203,182 CMYK=17,22,29,0

5.2.2 淡雅风格的环境艺术设计

淡雅风格的环境艺术设计总体来讲是一种简约大气、轻奢中带有一丝朴实的空间效果，精巧、舒心，且富有一定的文化底蕴。

设计理念：这是一款酒店客房起居室的环境艺术设计。以自然色调的材料为特征，为客人提供了更加开放和温馨的环境。

色彩点评：选取自然界中的色彩，低饱和度的配色方案打造温和、舒适、朴实的空间氛围。

🌱 "人"字形地板布置在整个家庭中，使空间规整而不失变化的效果。

🌱 实木材质与纺织布料沙发相搭配，营造出温馨舒适的休息空间。

🌱 纵向纹理的地毯与置物架的色彩形成呼应，实木材质的座椅与衣柜和地板的色彩形成呼应，打造了和谐统一的空间氛围。

RGB=148,149,120 CMYK=49,39,55,0
RGB=180,154,117 CMYK=36,41,56,0
RGB=195,188,178 CMYK=28,25,28,0
RGB=149,106,78 CMYK=49,63,72,5

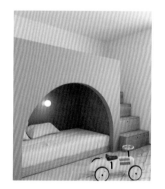

这是一款酒店内儿童房的环境艺术设计。半封闭式的窗体通过其独特的样式瞬间成为空间的视觉中心，地上停放的儿童车与空间的主题相互呼应，简洁的线条和低饱和度的色彩营造出简约而又淡雅的空间氛围。

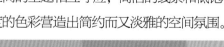

RGB=182,182,158 CMYK=35,26,39,0
RGB=182,160,130 CMYK=35,38,49,0
RGB=230,189,173 CMYK=25,26,31,0
RGB=254,254,249 CMYK=1,1,4,0

这是一款办公室内咖啡厅休息区域的环境艺术设计。以低饱和度的粉色调为主色，饱满温和的色彩使整个空间更加温馨淡然。规整的布局与灯带相结合，使空间更加简约。

RGB=179,135,122 CMYK=36,52,48,0
RGB=211,172,148 CMYK=22,37,40,0
RGB=244,229,221 CMYK=5,13,13,0
RGB=130,120,114 CMYK=57,53,53,1

5.2.3　简约风格环境艺术设计技巧——线条的简单装饰

线条元素是环境艺术设计中常见的装饰元素，不同类型的线条可以辅助空间风格与氛围的形成，例如，直线线条营造出的平和与秩序感，曲线线条营造出的浪漫与柔和感等。

这是一款办公空间会议室的环境艺术设计。通透的玻璃使空间更加宽敞明亮，通过简洁的黑色线条对空间进行装饰与区域的划分，打造出规整有序的空间氛围。

这是一款办公空间的环境艺术设计。将灯光与文字相结合的艺术作品对空间进行点缀，自然垂落的线条不加修饰与束缚，打造出自然简约的办公空间。

配色方案

双色配色　　　　　　三色配色　　　　　　五色配色

佳作欣赏

5.3 欧式风格环境艺术设计

欧式风格在追求浪漫、优雅的同时也尽显恢宏大气、高贵奢华，因此该风格的设计常被运用于别墅、会所或是酒店的项目当中，来体现空间气质的优雅和生活的品质感。

特点：

- 具有大量装饰品。
- 具有丰富的想象力。
- 注重空间感与立体感的体现。
- 注重建筑与雕刻和绘画的结合。
- 造型以曲线元素为主。

5.3.1 奢华风格的环境艺术设计

欧式风格的奢华感主要体现在浓郁纯粹而又高雅的配色和精致优雅的装饰元素之上，通过多种元素的结合，打造华丽而又精美的环境艺术效果。

设计理念：这是一款欧式走廊的环境艺术设计。通过精致高贵的装饰元素打造奢华大气的空间氛围。

色彩点评：空间以蔚蓝色为主色，高雅大气的色彩与镀金材质的黄色系相搭配，互补色的配色方案可以增强空间的视觉冲击力，在右侧配以黑色作为点缀，将色彩基调进行沉淀。

🔵 将元素分布在空间的左右两侧，规整的布局使整个空间更加精致、高雅。

🔵 空间中三种精致的灯光彼此之间形成呼应，家具风格统一，为整体氛围营造出和谐统一之感。

🔵 左右两侧的窗户和走廊尽头，均采用拱形建筑结构，形成了典型的欧式风格，同时也使空间氛围更加协调。

RGB=5,81,161 CMYK=93,97,11,0
RGB=203,130,88 CMYK=26,58,66,0
RGB=240,219,199 CMYK=7,17,22,0
RGB=28,25,26 CMYK=84,81,78,66

这是一款酒店内客厅区域的环境艺术设计。精良细致的雕刻元素与布艺材质的融合，打造出精致高雅、舒适柔软、奢华而不失温馨的空间氛围。镜子边框与座椅边框的雕刻效果相互呼应，使空间和谐统一，同时也增强了空间的层次感。

RGB=203,156,89 CMYK=27,44,72,0
RGB=212,199,178 CMYK=21,22,31,0
RGB=156,112,63 CMYK=47,60,83,4
RGB=179,159,154 CMYK=36,39,35,0

这是一款酒店内交谈区域的环境艺术设计。浓郁鲜艳的红色丝绒材质座椅、沉稳华丽的金属色泽桌面和吊灯、稳重踏实的实木色书柜，打造出华丽庄重、温和而不失典雅的空间氛围。

RGB=140,103,71 CMYK=52,63,76,7
RGB=208,155,69 CMYK=24,44,79,0
RGB=155,34,28 CMYK=43,98,100,11
RGB=86,87,90 CMYK=72,64,59,14

5.3.2 尊贵风格的环境艺术设计

尊贵风格的环境艺术设计整体氛围高雅庄重、高端大气、风情万种，具有丰富的文化底蕴和艺术内涵，整个空间精美且充满层次感。

设计理念：这是一款酒店内客厅区域的环境艺术设计。空间通过优雅淡然的配色和精致饱满的装饰元素，打造出尊贵风格的空间氛围。

色彩点评：空间以低饱和度的灰绿色为主色调，平和淡然的色彩搭配浓郁浑厚的深红色，并配以少许的金属色作为点缀，

打造尊贵、优雅的空间氛围。

🎨 地毯上优雅大气的花纹与温柔浪漫的窗幔形成呼应，并在座椅和抱枕上配以小巧的花纹对空间进行点缀，打造清新与复古并存的空间效果。

🎨 墙壁上精心雕刻的纹路与相框、沙发、椅子、茶几元素的造型形成呼应，使空间效果更加和谐统一。

🎨 雕刻元素与壁灯的选择为空间增强了层次感。

RGB=132,143,111 CMYK=56,40,61,0
RGB=93,44,34 CMYK=58,84,87,42
RGB=130,96,60 CMYK=54,64,83,12
RGB=191,146,68 CMYK=32,47,81,0

这是一款酒店内起居室与餐厅区域的环境艺术设计。大面积的落地窗使室内光线充足，华丽的金属装饰元素、浪漫的蓝灰色窗幔与稳重的实木地板，打造出尊贵、优雅的欧式风格。

RGB=96,102,115 CMYK=71,60,48,3
RGB=170,141,68 CMYK=43,46,82,0
RGB=113,77,38 CMYK=57,70,96,25
RGB=250,240,213 CMYK=4,7,20,0

这是一款酒店内起居室的环境艺术设计。精致的墙壁雕刻使空间充满艺术氛围，配以清爽淡然的浅蓝色，打造出富有对比效果的欧式风格。

RGB=202,216,224 CMYK=25,11,10,0
RGB=221,217,212 CMYK=16,14,16,0
RGB=133,140,152 CMYK=55,43,34,0
RGB=56,57,61 CMYK=79,74,67,38

5.3.3　欧式风格环境艺术设计技巧——精致的雕刻艺术增强空间层次感

精致的雕刻艺术是欧式风格环境艺术设计最为常见和基础的装饰元素，精雕细琢的造型通过其细腻的细节和丰富的层次增强了空间的层次感。

这是一款酒店内餐厅就餐区域的环境艺术设计。天花板与门框上方的雕刻元素为空间增光添彩，并通过其自身的丰富层次增强了空间整体的层次感。

这是一款酒店内卧室的环境艺术设计。床头边缘处的雕刻艺术与左右两侧的边桌和床尾处的长椅雕刻效果相互呼应，为平稳、优雅的空间增添了层次感和艺术感。

配色方案

双色配色

三色配色

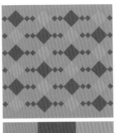

五色配色

佳作欣赏

5.4 美式风格环境艺术设计

美式风格，顾名思义，是一种源自美国的装修和装饰风格，由于美国崇尚自由，因此在其装修装饰风格上，也注重自在、随意的体验与感受。在设计的过程当中，不设有过多的装饰与约束，创造出大气、怀旧且随意的空间氛围。

特点：

◆ 厚重的外表。

◆ 粗犷的线条。

◆ 注重实用性。

◆ 整体充满自然气息。

◆ 宽大舒适。

5.4.1 怀旧风格的环境艺术设计

随着信息化时代的不断发展，怀旧风格以返璞归真的特点逐渐走进人们的视野，在设计的过程当中，通常采用低饱和度的配色方案和典雅稳重的造型，为环境营造出复古、沧桑之感，给人无限的安全感与踏实感。

设计理念：这是一款起居室的环境艺术设计。空间装饰古朴自然，通过石材、木材和纺织品之间的融合，创造出温馨、舒适的空间氛围。

色彩点评：空间整体色调温暖稳重，以实木色为背景，低饱和度的红色地毯使空间更加温暖厚重，不同色彩的石质材料让空间的氛围更加饱满、充实。

🔴 暖色调的吊灯与壁炉内的火焰相互呼应，使空间更加温暖、温馨。

🔴 空间线条粗犷大气，外表厚重沉稳，是典型的美式风格设计。

🔴 壁炉上方的壁画色调沉稳平和，与空间的氛围相互呼应，营造出和谐统一的室内空间氛围。

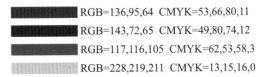

RGB=136,95,64 CMYK=53,66,80,11
RGB=143,72,65 CMYK=49,80,74,12
RGB=117,116,105 CMYK=62,53,58,3
RGB=228,219,211 CMYK=13,15,16,0

这是一款餐厅区域的环境艺术设计。实木材质构建而成的房间整体氛围和谐统一，以实木色为底色，在厚重平稳的空间中将餐巾、坐垫设置成与地毯相互呼应的色彩。

这是一款酒店内卧室区域的环境设计。将深棕色作为空间的主色调，色调温和且厚重。暖黄色的灯光和实木的家具，让整个空间充满复古情调。

RGB=187,119,57 CMYK=34,61,85,0
RGB=123,41,30 CMYK=50,92,99,28
RGB=41,36,47 CMYK=83,83,68,5
RGB=59,61,110 CMYK=88,86,40,5

RGB=62,39,24 CMYK=68,79,91,56
RGB=83,47,18 CMYK=62,79,100,46
RGB=96,75,66 CMYK=65,69,71,25
RGB=254,243,201 CMYK=2,6,27,0

5.4.2 清新风格的环境艺术设计

清新风格的环境艺术设计清雅明净，因此多以明快、纯粹、细腻的色彩为主，并在设计的过程当中，加以自然界的元素对空间进行点缀，打造使人身心舒适的环境艺术效果。

设计理念：这是一款起居室内交谈区域的环境艺术设计。室内环境摆脱了常规的沉重、粗犷的设计风格，将清新作为主要的设计理念。

色彩点评：空间配色丰富。以白色为底色，奠定了纯洁、明净的色彩基调，并将座椅设置成淡黄色系，与实木茶几和餐桌形成呼应，配以少许的红色作为点缀，

使空间更加温馨、温暖。深蓝色的丝绒材质沙发将较为清淡的配色进行沉淀，避免了过多浅色系带来的审美疲劳。

1️⃣ 茶几上不同颜色绽放的花朵，让整体环境的清新效果更加浓厚。

2️⃣ 空间功能区域划分明确，元素选择大气不失自然清新，营造出舒适温馨且优雅的空间氛围。

3️⃣ 简洁大气的落地灯与饱满热情的装饰元素形成反差，在对区域进行简单照亮的同时也成了很好的衬托元素。

- RGB=22,26,52 CMYK=95,95,62,48
- RGB=144,98,52 CMYK=50,65,89,9
- RGB=193,171,129 CMYK=30,34,52,0
- RGB=180,65,49 CMYK=36,87,88,2

这是一款起居室的环境艺术设计。将木质框架粉刷成白色，使空间更加清新独特，在布艺沙发上配以细致的纹理对空间进行点缀，打造清新舒适的环境效果。

- RGB=229,234,238 CMYK=12,7,6,0
- RGB=95,59,39 CMYK=60,76,88,37
- RGB=159,163,170 CMYK=44,33,28,0
- RGB=214,199,167 CMYK=20,22,36,0
- RGB=92,101,37 CMYK=70,54,100,16

这是一款起居室的环境艺术设计。将沙发设置为灰玫红，温暖淡然的色彩配以少许的植物作为空间的点缀，打造清新舒适的环境效果。

- RGB=183,123,131 CMYK=35,59,39,0
- RGB=181,165,139 CMYK=35,35,46,0
- RGB=219,209,189 CMYK=18,19,27,0
- RGB=136,148,50 CMYK=56,36,96,0

5.4.3 美式风格环境艺术设计技巧——木质元素的应用增强空间的厚重感

木质元素是一种实用、经久且自身带有自然之美的装饰元素，风格百搭，色调沉稳，应用在环境艺术设计当中也是更为环保的元素之一。因此，木质元素越来越广泛地被应用于环境艺术设计当中。

这是一款餐厨区域的环境艺术设计。以木质为主要材质，打造踏实稳重的空间氛围。配以少许的冷色调对空间进行装饰，低饱和度的冷色调与温暖的实木色可以将空间氛围进行中和。

这是一款卧室区域的环境艺术设计。将实木元素贯穿于卧室的各个角落，使空间氛围稳固、沉重。方形地毯的陈设活跃了空间氛围，并使空间具有强烈的年代感与厚重感。

配色方案

双色配色

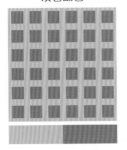

三色配色

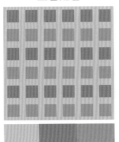

四色配色

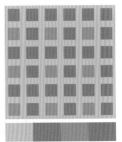

佳作欣赏

5.5 地中海风格环境艺术设计

地中海风格是一种将天空与海洋完美结合的环境艺术设计方式，明亮的色彩、不修边幅的线条、自然界的装饰元素和做旧风格的小饰物等，将人们的生活融入自然、回归自然。

特点：

◆ 色彩干净，常见蓝色与白色。

◆ 拱形的浪漫空间。

◆ 注重几何线条的应用。

5.5.1　热情风格的环境艺术设计

地中海风格的热情主要体现在色彩的搭配上，在设计的过程当中，通过高饱和度的配色方案来增强空间的视觉冲击力，营造出热情、亲切的空间氛围。

设计理念：这是一款典型的地中海风格的环境艺术设计。通过不加过多修饰与约束的元素打造热情、自然的空间氛围。

色彩点评：洋红色的花朵通过其较高的饱和度成为空间中最为抢眼的元素，搭

配少许的深蓝色与黄色作为点缀，打造出浪漫、热情的空间氛围。

🌸1 利用大面积的花朵对空间进行点缀，使整个空间更加贴近自然。

🌸2 左右两侧的墙壁和地面不加过多的修饰与束缚，自然随意的砖墙营造出更加舒心、随性的空间氛围。

🌸3 墙壁上通过互补色创造出的壁画形象简约，与地中海风格形成呼应。

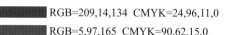

RGB=209,14,134 CMYK=24,96,11,0
RGB=5,97,165 CMYK=90,62,15,0
RGB=202,162,116 CMYK=26,40,57,0
RGB=249,232,78 CMYK=9,8,75,0

这是一款地中海风格外景的环境艺术设计。空间左右两侧相对对称，植物元素的加入使空间与自然氛围更加贴近。色彩丰富，通过红色与橙色的家具将空间点亮，创造出热情、鲜活的空间氛围。

RGB=92,92,113 CMYK=73,66,47,4
RGB=216,214,215 CMYK=18,15,13,0
RGB=219,98,41 CMYK=17,74,89,0
RGB=68,119,181 CMYK=77,51,12,0
RGB=207,230,235 CMYK=23,4,9,0

这是一款地中海风格的庭院环境艺术设计。拱形的造型与地中海风格相互呼应。鲜红的花朵与深蓝色的餐桌装饰，打造出浪漫、热情的空间氛围。

RGB=94,88,85 CMYK=69,64,63,15
RGB=98,129,194 CMYK=68,48,5,0
RGB=179,29,61 CMYK=37,99,74,2
RGB=141,88,62 CMYK=50,71,80,11

5.5.2　自然风格的环境艺术设计

自然风格的环境艺术设计是指将自然元素和色彩融入设计当中，回归到自然本该有的状态，营造出海洋般的清新与大自然般的纯粹。

设计理念：这是一款室外庭院区域的环境艺术设计。通过大量植物元素的融入，打造自然、清新的空间氛围。

色彩点评：将自然色彩引入空间的设计当中，以植物的绿色为主，配以蓝色系作为点缀，使人们瞬间联想到天空和草地的色彩，打造舒适的自然风情。

🔵 将彩色的盆栽点缀在楼梯的左右两侧，色彩艳丽丰富，在大量绿植之中脱颖而出，对区域起到了突出作用。

🔵 楼梯上面带有蓝色纹理的瓷砖与地中海风格相互呼应，并加深了对空间氛围的渲染。

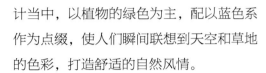

RGB=60,99,125　CMYK=82,61,43,2
RGB=204,141,105　CMYK=25,52,58,0
RGB=75,88,42　CMYK=74,57,99,25
RGB=79,78,74　CMYK=73,66,67,23

这是一款住宅内卧室的环境艺术设计。将背景墙粉刷成淡淡的蓝色，奠定了空间纯净、清凉的色彩基调，再配以一系列的蓝色对空间进行点缀，打造出清新、自然的空间氛围。

■ RGB=60,80,104　CMYK=84,71,49,10
■ RGB=143,156,170　CMYK=51,36,27,0
■ RGB=226,226,215　CMYK=14,10,17,0
■ RGB=151,61,38　CMYK=45,87,97,13

这是一款室外庭院的环境艺术设计。将建筑设置为纯净的白色，用石头堆砌而成的高台与规整的建筑形成鲜明对比。大量的植物和蓝色的应用使空间更加自然、舒适。

■ RGB=42,168,191　CMYK=73,19,26,0
■ RGB=198,154,124　CMYK=28,44,51,0
■ RGB=27,55,36　CMYK=87,66,91,49
■ RGB=198,114,52　CMYK=28,65,86,0

5.5.3 地中海风格环境艺术设计技巧——青、蓝色调的应用使空间更加清凉

　　蓝色是地中海风格中最为常见的色彩之一，能够让人们瞬间联想到天空与海洋，纯净的色彩使空间明亮悦目，清新自然。

　　这是一款避暑别墅内客厅区域的环境艺术设计。以白色为底色，以蓝色系的色彩对空间进行装点，搭配做旧的地毯和布艺沙发，打造出舒适、前卫的休息空间。

　　这是一款海边别墅餐厅区域的环境艺术设计。青色调的窗户搭配柳条座椅和天然纤维配件，打造出清爽、纯朴的空间氛围。

配色方案

双色配色

三色配色

四色配色

佳作欣赏

5.6 新古典风格环境艺术设计

新古典风格的环境艺术设计是将经典的复古浪漫情怀与现代化的设计手法相结合，秉承着以简饰繁的设计理念，将古朴与时尚融为一体，高雅而和谐。

特点：

◆ 利用曲线与曲面追求动态效果的变化。

◆ 以简饰繁。

◆ 注重装饰效果。

5.6.1 高贵风格的环境艺术设计

高贵风格的环境艺术设计主要通过色彩的搭配和材质的选择为空间营造出浓郁、典雅、奢华的空间氛围。

设计理念：这是一款房屋起居室内的环境艺术设计。通过高贵的配色和质感十足的材质打造尊贵、奢华的空间氛围。

色彩点评：以白色和灰色为底色，搭配带有金属光泽的色彩饰面和深实木色家具，使整个空间透露着一种温暖而不失典雅的气氛。

🌀 带有金属光泽的相框上富有雕刻精致的纹理，与家具的风格形成呼应，打造和谐而又统一的空间氛围。

🌀 水晶吊灯优雅精致，配以少许的宝蓝色作为点缀，使其与空间中其他元素产生了小小的对比。同时也通过色彩的搭配使格调更加高雅。

🌀 空间采用相对对称的设计手法，使饱满的空间"乱中有序"。

RGB=184,179,174 CMYK=33,28,29,0
RGB=252,249,158 CMYK=7,0,48,0
RGB=166,131,80 CMYK=43,52,74,0
RGB=55,46,46 CMYK=76,76,73,49

这是一款别墅内一楼大厅区域的环境艺术设计。整体色调和谐、家具风格统一。灯光元素简约而又繁多，黄色调的灯光在照亮空间的同时也通过对氛围的营造使空间更加高雅、精致。

RGB=202,173,132 CMYK=26,35,50,0
RGB=114,89,63 CMYK=60,64,79,18
RGB=239,224,189 CMYK=9,13,29,0
RGB=178,129,62 CMYK=38,54,84,0

这是一款房屋内起居室区域的环境艺术设计。采用黑色、白色和金色为整体色调，纯粹而又精致的色彩营造出优雅的空间氛围。天花板上的吊灯造型独特，色彩与座椅形成呼应，增强了空间的艺术氛围。

RGB=43,41,41 CMYK=80,77,74,53
RGB=181,141,84 CMYK=36,48,72,0
RGB=203,195,188 CMYK=24,23,24,0
RGB=132,101,71 CMYK=55,62,76,9

5.6.2 雅致风格的环境艺术设计

雅致风格的环境艺术设计是一种带有强烈文化品位的装饰风格，在设计的过程中追求品位和谐的色彩搭配。讲求模式化，注重文脉，追求人情味。

设计理念：这是一款房屋内卧室区域的环境艺术设计。通过温暖、儒雅的配色和奢华、精致的装饰元素，打造令人身心向往的居住环境。

色彩点评：以粉色为主色调，为空间奠定了甜美温和的感情基调，深浅相交的

背景颜色使空间的整体氛围不再单一。深实木色的床头柜与窗体将空间的氛围进行沉淀，使空间层次分明。

① 选择金属装饰元素点缀空间，将氛围进行升华，使空间的氛围更加高雅奢华。

② 地面采用色彩淡然柔和的纺织"人"字形纹理地毯，使空间更加舒适、温馨。

③ 矩形色块的背景墙纹理增强了空间的纵深感。

- RGB=245,208,194 CMYK=5,24,22,0
- RGB=160,111,79 CMYK=45,62,72,2
- RGB=130,47,21 CMYK=50,90,100,24
- RGB=186,173,153 CMYK=32,33,39,0

这是一款酒店内客房区域的环境艺术设计。以高贵典雅的青蓝色为主色调，大气的花纹应用在各个元素之间，搭配黄色调温和的灯光，营造出儒雅、和婉的空间氛围。

- RGB=100,162,181 CMYK=64,27,27,0
- RGB=133,100,64 CMYK=54,62,81,10
- RGB=51,31,20 CMYK=71,81,90,62
- RGB=215,170,129 CMYK=21,38,50,0

这是一款房屋内起居室的环境艺术设计。配色沉稳、深邃，两组大面积的书架与摆放整齐的书籍使空间更具书香气息。水晶吊灯和精致的家具纹理使空间更加精致、优雅。

- RGB=197,141,82 CMYK=29,51,72,0
- RGB=98,91,97 CMYK=69,65,56,10
- RGB=104,62,37 CMYK=58,76,92,33
- RGB=126,62,59 CMYK=53,92,75,21

写给设计师的书

环境艺术设计手册

5.6.3 新古典风格环境艺术设计技巧——低调的配色使空间更具个性化

色彩是环境艺术设计的灵魂所在，新古典风格的环境艺术设计如果采用低调淡然的配色会给人一种耳目一新的视觉效果，摒弃了常规的设计理念，使整个空间更具个性化。

这是一款酒店内客房区域的环境艺术设计。以无彩色系黑白灰为主色调，营造出纯净、雅致的空间氛围。床尾处的沙发采用实木雕刻镶边，为空间增添了一丝精致与温馨。

这是一款酒店内客房区域的环境艺术设计。以灰色为主色调，配以纯粹的黑色和白色作为点缀，打造前卫且充满个性的空间效果。

配色方案

双色配色

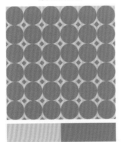

三色配色

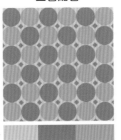

四色配色

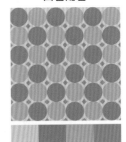

佳作欣赏

5.7 东南亚风格环境艺术设计

东南亚风格是一种将民族特色与文化品位相结合的环境艺术设计，静谧雅致、沉稳脱俗，通常情况下会广泛地应用木材与一些其他的天然材料，如藤条、竹子、石材、青铜和黄铜，深木色的家具，局部采用金色的壁纸、丝绸质感的布料，灯光的变化体现了稳重及豪华感。

特点：

◆ 色彩浓郁。

◆ 质感厚重。

◆ 植物的点缀。

5.7.1 民族风格的环境艺术设计

由于东南亚风格是一种具有民族特点的环境艺术设计，因此在设计的过程当中，常常会应用到具有民族特色的装饰元素对空间进行点缀，打造优雅、沉稳与民族特色并存的环境氛围。

设计理念：这是一款度假酒店客房区域的环境艺术设计。传统工艺结合现代的表现化手法，展现出生态度假酒店空间。

色彩点评：空间整体色彩沉稳厚重，深实木色的地面与黑色的框架打造稳固、朴素而又充满安全感的室内空间，将地毯设置为深浅不一的蓝灰色，低饱和度的色

彩为浓厚的空间增添了一抹柔和与淡然。

🛏 抱枕上的花纹与地毯纹理相互呼应，搭配以矩形色块为主要设计元素的椅子，打造出充满民族风情的空间氛围。

🛏 床幔和天花板上的框架与空间四周的直线线条形成呼应，使整个空间更加和谐统一。

🛏 床幔与窗帘均采用白色半透明布帘，清透纯净，将深重的氛围进行中和。

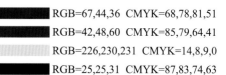

RGB=67,44,36 CMYK=68,78,81,51
RGB=42,48,60 CMYK=85,79,64,41
RGB=226,230,231 CMYK=14,8,9,0
RGB=25,25,31 CMYK=87,83,74,63

这是一款酒店卧室区域的环境艺术设计。空间左右两侧相对对称，整体效果规整、平静。通过床上用品和地毯的纹理增强空间的民族风情。色彩深厚稳重，简约精巧的射灯将空间简单地照亮。

RGB=15,12,17 CMYK=89,86,80,72
RGB=100,86,83 CMYK=66,66,63,16
RGB=220,223,225 CMYK=16,11,10,0
RGB=164,102,72 CMYK=43,67,75,3

这是一款酒店内餐厅区域的环境艺术设计。以贝壳为主要装饰元素，搭配实木与竹藤材质，使空间的氛围更加舒适沉稳。沙发与座椅采用纺织材料，与餐桌中央区域的餐布形成呼应，重复展现的纹理增强了空间的民族特色。

RGB=81,61,46 CMYK=66,72,81,39
RGB=176,131,112 CMYK=38,54,54,0
RGB=239,229,219 CMYK=8,11,14,0
RGB=83,94,25 CMYK=72,56,100,20

浓郁风格的环境艺术设计

东南亚风格是一种以天然材料为主要设计元素的环境艺术设计，因此在设计的过程中，多采用藤条、竹子、石材、青铜、黄铜等材质，以及深木色的家具等。同种元素的重复使用或是多种元素的叠加使用，会在无形之中将其风格强化，打造风格浓郁的东南亚风格环境艺术设计。

设计理念：这是一款卧室的环境艺术设计。通过大量的实木材质与植物的陈设，营造出浓厚的东南亚风格。

色彩点评：大量的实木元素通过深浅不一的色泽来区分天花板与地面，使空间的层次感更加强烈。将中心区域四周的墙面设置为白色，将整体色彩提亮。并配以少量的绿植对空间进行点缀，打造浓郁又不失自然的空间氛围。

🌿① 床尾处的地毯纹理丰富，与纯白色的床单和纹路风格统一的实木材质形成对比，增强了空间的设计感。

🌿② 拱形的门口、窗口与规整的布局和矩形元素形成鲜明对比，活跃了空间的氛围。

🌿③ 小巧精致的射灯内嵌在天花板之上，简约的点缀方式既能照亮空间，又不至于太过抢眼。

- RGB=132,93,54 CMYK=53,66,87,13
- RGB=149,132,125 CMYK=49,49,47,0
- RGB=254,252,247 CMYK=1,2,4,0
- RGB=62,80,39 CMYK=78,59,100,31

这是一款酒店内客房区域的环境艺术设计。不规则的空间在边缘处设有大面积的落地窗，使视线更加开阔、光线更加强烈。实木材质的框架与家居使空间的东南亚风格更加浓郁。

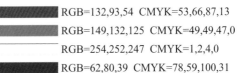

- RGB=113,79,55 CMYK=58,69,82,23
- RGB=143,126,105 CMYK=52,51,59,1
- RGB=120,141,146 CMYK=60,40,39,0
- RGB=186,161,95 CMYK=34,38,69,0

这是一款将朴质、传统与现代风格相融合的环境艺术设计。大石头墙和巨大的木横梁构成了温暖而又稳重的室内空间，形成浓郁的东南亚风格。

- RGB=70,39,17 CMYK=64,80,100,53
- RGB=165,125,84 CMYK=44,55,71,1
- RGB=173,166,163 CMYK=38,34,32,0
- RGB=92,91,40 CMYK=68,59,100,22

5.7.3 东南亚风格环境艺术设计技巧——大量木质元素的应用

　　木质元素是一种经久耐用且环保的装饰装修材料，根据其实用性，使其能够灵活运用于提升美感和氛围的营造方面。

　　这是一款餐厅就餐区域的环境艺术设计。屏风与墙壁上的线条纹理相互呼应。大量的实木材质通过不同的设计方法和色彩将空间进行明确的划分，打造稳重、平稳的空间氛围。

　　这是一款酒店内洗手间区域的环境艺术设计。将原木木材作为台面，厚重质朴、奔放脱俗，通过环境的衬托整个空间给人高雅、豪华的感觉。

配色方案

双色配色

三色配色

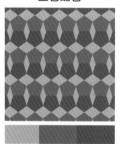

四色配色

佳作欣赏

5.8 田园风格环境艺术设计

田园风格的环境艺术设计是将自然元素融入设计当中，使空间整体呈现清新、自然的田园气息，朴实、亲切、悠闲、舒畅且贴近自然。

特点：

◆ 自然舒适、温婉内敛。

◆ 不精雕细刻。

◆ 回归自然、结合自然。

5.8.1 清新风格的环境艺术设计

清新风格的环境艺术设计主要是通过自然界的色彩与装饰元素对空间进行装饰，光线通透，色彩清新，打造清爽、纯净的空间氛围。

设计理念：这是一款房屋内起居室的环境艺术设计。将大量自然界元素融入整个空间，并与清新、自然的色彩相互融合，打造和谐、自然、清新的空间氛围。

色彩点评：空间以绿色为主色调，来

自大自然的色彩与淡雅、清爽的淡蓝色背景墙相搭配，并配以少许温馨的紫色作为点缀，使空间的整体氛围清爽且不失温馨。

🔵 庞大的盆栽成为空间中最为抢眼的装饰元素，配以其他较小的植物与其相互呼应，营造出和谐统一的空间氛围。

🔵 空间左右两侧垂感十足的窗帘带有碎花图案，在增强空间层次感与重量感的同时，也与抱枕和坐垫的花纹形成呼应。

- RGB=143,145,63 CMYK=53,39,88,0
- RGB=224,224,225 CMYK=14,11,10,0
- RGB=138,157,142 CMYK=53,33,45,0
- RGB=159,123,156 CMYK=46,57,24,0

这是一款房屋内餐厅就餐区域的环境艺术设计。绿色调的配色方案使空间的氛围更加鲜活。优雅淡然的黄绿色与浓郁的深绿色增强了空间的层次感，配以少许鲜亮的红色作为点缀，使空间的视觉冲击力更加强烈。

- RGB=217,218,131 CMYK=22,11,58,0
- RGB=224,104,77 CMYK=14,72,67,0
- RGB=82,97,24 CMYK=73,55,100,19
- RGB=202,205,192 CMYK=25,17,25,0

这是一款房间内起居室的环境艺术设计。整体氛围清新柔和。浅灰色与粉红色的搭配营造出柔和而又不失清新的空间氛围。地毯上的纹理与窗帘相互呼应，增强了元素之间的关联性。

- RGB=231,206,183 CMYK=12,22,28,0
- RGB=178,183,177 CMYK=36,25,29,0
- RGB=244,158,146 CMYK=4,50,36,0
- RGB=182,123,22 CMYK=37,58,100,0

5.8.2 舒适风格的环境艺术设计

田园风格的舒适感主要体现在周围环境的安逸感和氛围的稳重感等方面。因此在设计的过程当中常常会应用到纺织元素，通过其独特的视觉效果增强氛围的舒适感。

设计理念：这是一款客厅休息区域的环境艺术设计。通过沉稳的色彩与实木和纺织元素的组合营造出舒适平稳的空间氛围。

色彩点评：空间色彩稳重平和，大量实木材质奠定了空间沉稳厚重的感情基调，配以低饱和度的绿色、红色、橙色和黄色对空间进行点缀，打造稳重不失优雅的空间氛围。

🔸 红色纹理的地毯将实木材质的地面进行覆盖，纺织元素与低饱和度的深红色相搭配，使空间整体氛围更加温馨和谐。

🔸 右侧的抱枕和窗帘均采用碎花纹理，并在茶几上配以优雅的植物作为点缀，营造出和谐温馨的田园风格。

🔸 书柜内陈列的图书规则整齐，同时也为空间增添了些许书香气息。

■ RGB=77,46,19 CMYK=36,78,100,49
■ RGB=155,111,81 CMYK=47,61,71,3
■ RGB=209,118,40 CMYK=23,64,90,0
■ RGB=209,118,40 CMYK=23,64,90,0

这是一款客厅休息区域的环境艺术设计。黄色的窗帘、橙色的沙发、绿色的植物和碎花纹理凸显出空间的田园风情。大面积的落地窗使光线更加通透，饱满宽厚的沙发增强了空间的舒适度。

■ RGB=208,178,80 CMYK=26,32,76,0
■ RGB=179,157,127 CMYK=36,39,51,0
■ RGB=141,94,55 CMYK=50,67,87,11
■ RGB=100,110,17 CMYK=68,51,100,10

这是一款客厅休息区域的环境艺术设计。空间中的各类色彩相互呼应，沙发座椅的纹理和谐统一。将电视背景墙设置为置物架，可以纵横交错地摆放物品，活跃了空间氛围。整体色彩淡然优雅，配以深实木色的茶几将氛围进行沉淀。

■ RGB=181,45,48 CMYK=36,95,87,2
■ RGB=220,214,182 CMYK=18,15,32,0
■ RGB=126,85,47 CMYK=54,68,91,18
■ RGB=192,210,193 CMYK=30,12,27,0

5.8.3 田园风格环境艺术设计技巧——花纹图案的应用

碎花纹理是田园风格中较为典型且常见的装饰元素之一，其色调柔和温暖，氛围朴素平静，款式花样繁多，可以打造温馨、甜蜜的空间氛围。

这是一款卧室内梳妆台区域的环境艺术设计。采用大气优雅的花纹图案作为背景，并在梳妆台上陈设粉色调的花朵，与背景形成呼应，使空间的整体氛围儒雅温和。

这是一款卧室内梳妆台区域的环境艺术设计。将自然景象以壁纸的形式贴附在墙面之上，绿色调的配色方案打造清新且温和的空间氛围，并在桌面上添加植物元素，与之形成呼应。

配色方案

双色配色

三色配色

四色配色

佳作欣赏

5.9 混搭风格环境艺术设计

混搭风格环境艺术设计是一种摒弃规则与约束的自由设计、装饰装修方式，然而混搭不等同于乱搭，在设计的过程中，要选择一个设计重心进行着重的设计，使空间主次分明。

特点：

◆ 自由随意、极富个性。

◆ 主次分明。

◆ 具有较强的自主性。

5.9.1 融合风格的环境艺术设计

融合风格,顾名思义,是将两种或两种以上的风格结合在一起,创造出独特的混搭效果。然而该风格在设计中需要注意风格的主次区分,避免太过丰富的种类与风格带来的杂乱感。

设计理念:这是一款照明设备和家居用品陈列区域的环境艺术设计。多种风格样式的产品陈列在共同的空间当中,打造出饱满、充沛的展示空间。

色彩点评:空间色彩对比强烈,高饱和度的绿色沙发和紫色抱枕为色彩厚重沉稳的空间增添了强烈的视觉冲击力。

🔵 采用带有黑色波点的背景板将空间区域进行划分。黑色波点元素通过中心小、四周大的规律形成了均匀向外扩散的视觉效果。

🔵 最左侧的置物架摆脱了常规的规整的陈列方式,相互错落地叠加在一起,独特的设计方式引人注目,增强了空间的活跃性。

🔵 "人"字纹编织地毯踏实稳重,将空间的色彩进行沉淀,同时也为空间带来了一丝温馨与舒适。

	RGB=5,181,22 CMYK=75,1,100,0
	RGB=136,4,76 CMYK=55,100,56,11
	RGB=108,96,85 CMYK=64,62,65,12
	RGB=228,201,124 CMYK=16,23,57,0

这是一款酒店内等候洽谈区域的环境艺术设计。空间色彩浓郁自然,大气的壁画与室内的绿植形成呼应,使公共空间充满了生机与活力。实木元素与铁艺材料的结合形成了"柔"与"刚"的对比。

■ RGB=217,218,131 CMYK=22,11,58,0
■ RGB=224,104,77 CMYK=14,72,67,0
■ RGB=82,97,24 CMYK=73,55,100,19
■ RGB=202,205,192 CMYK=25,17,25,0

这是一款酒店内走廊等候区域的环境艺术设计。以无彩色系中黑、白色为空间的主色调,使空间更加精致大气。白色墙壁上由黑色"点"元素结合而成的纹理通过深浅不一的过渡形成晕染的效果,增强了空间的艺术氛围。

■ RGB=15,16,22 CMYK=90,86,78,70
□ RGB=243,243,243 CMYK=6,4,4,0
■ RGB=110,83,65 CMYK=60,67,75,20
■ RGB=110,117,125 CMYK=65,53,46,1

5.9.2 新锐风格的环境艺术设计

新锐风格的环境艺术设计是一种打破传统与常规的设计手法，打造出时尚前卫、独特精致的空间氛围。

设计理念：这是一款家具展示区域的环境艺术设计。通过精致的展示元素与纯粹的背景色彩打造精巧、前卫的空间氛围。

色彩点评：以纯粹深邃的黑色为底色，配以泛黄色的灯光对空间进行点缀，打造优雅大气、精巧新锐的空间氛围。

🔵 将休闲躺椅放置在空间的中心位置，并将灯光集中于此，具有重点展示与突出的作用。精致的躺椅可以将空间优雅的氛围进行升华。

🔵 在空间的上方设有圆环样式的水晶灯，高雅华丽的灯光元素能够起到装饰空间的作用。大大小小的圆环相互之间嵌套在一起，使空间具有强烈的关联性。

🔵 在天花板上设有小巧简约的辅助灯光对空间进行点缀，形成"繁星点点"的视觉效果。

RGB=1,3,0 CMYK=92,87,89,79
RGB=253,251,213 CMYK=4,1,23,0
RGB=51,27,13 CMYK=70,83,95,63
RGB=85,74,52 CMYK=68,66,82,31

这是一款餐厅就餐区域的环境艺术设计。空间配色丰富大胆，氛围轻快活跃。优雅大气的丝绒材质沙发与卡通图案背景墙相搭配，打造出新奇、大胆且不失优雅的空间氛围。

■ RGB=208,178,80 CMYK=26,32,76,0
■ RGB=179,157,127 CMYK=36,39,51,0
■ RGB=141,94,55 CMYK=50,67,87,11
■ RGB=100,110,17 CMYK=68,51,100,10

这是一款艺术餐厅的环境艺术设计。空间既是餐厅，又是现代美术馆，还可以是聚会酒吧。空间色调沉稳深厚，层次丰富饱满，前卫且充满艺术氛围。实木材质与钢铁框架的结合，打造稳固且不失温和的空间氛围。

■ RGB=18,17,22 CMYK=88,85,78,70
■ RGB=194,177,149 CMYK=30,31,42,0
■ RGB=134,134,131 CMYK=55,45,45,0
■ RGB=70,69,88 CMYK=79,75,55,18

5.9.3　混搭风格环境艺术设计技巧——巧用涂鸦

涂鸦艺术能够使空间的整体氛围更富有情感与节奏感，并在一定程度上减少了材料的浪费，迎合了轻装修、重装饰的设计理念。

这是一款展览会展示区域的环境艺术设计。将整个空间全部进行涂鸦，将著名作品与三维空间进行融合。温和的色调与饱满的涂鸦效果共同营造出强烈的艺术氛围。

这是一款酒店内客房区域的环境艺术设计。空间区域划分明确，一半空白，另一半采用丰富的涂鸦进行装饰，强烈的对比效果增强了空间的视觉冲击力与艺术感染力。

配色方案

双色配色　　　　　　　三色配色　　　　　　　四色配色

佳作欣赏

第6章 环境艺术设计的照明

　　在环境艺术设计中，照明也是被广泛应用的元素之一。照明大致分为自然光照明与人工照明两大类。不同的照明方式所营造出的照明效果各不相同。

　　人工照明按照明的场所可划分为住宅空间照明、办公空间照明、商业空间照明、展览馆空间照明、室外景观照明和室外建筑照明。

6.1 人工照明

　　人工照明是指利用各种能够发光的工具，将人们与周围环境的需求结合在一起，创造出能够满足双方条件的人为照明效果。

　　特点：

◆　具有可调节性。

◆　不受外界环境影响。

◆　灯光稳定且易于控制。

6.1.1　住宅空间照明

　　住宅空间是人们日常生活、居住与活动的主要场所之一。现如今，随着经济水平的不断发展与生活方式和理念的不断改变，人们对于居住环境的要求也越来越高。其中，对于灯光照明效果的要求也同样是越来越严格。

　　在为住宅空间选择照明元素之前，首先要对整体空间的设计理念和风格进行准确定位，然后将光照效果进行合理的规划与分布，在设计的过程中需要注意，对于灯光照明元素的种类、风格、尺寸以及其他因素，要进行明确的系统性的选择。

住宅空间照明设计

设计理念：这是一款住宅内儿童房的环境艺术设计。该设计摒弃了常规的儿童房设计方案，沉稳平和的色调和卡通俏皮的装饰元素相互衬托，使空间的整体氛围稳重又不失活跃。

色彩点评：空间以实木色为主色调，颜色深浅不一的家具强化了空间的立体效果。右侧灰色的沙发与左侧深实木色的置物柜形成对比，突出空间主次。

🕐 天花板上的吊灯结构丰富饱满，向下垂落的曲线效果对上层空间进行装饰，与窗旁遮阳装置的样式形成呼应。淡淡的暖黄色灯光的叠加照亮空间，增添了一丝温馨的视觉效果。

🕑 右侧墙壁上，采用卡通风格的挂画来呼应空间主题。

🕒 纵向而置的实木地板将空间的视觉效果进行延伸。

RGB=77,64,56 CMYK=70,71,74,36
RGB=160,146,134 CMYK=44,43,45,0
RGB=107,108,112 CMYK=66,57,51,3
RGB=164,167,143 CMYK=42,31,45,0

这是一款住宅内餐厅区域的环境艺术设计。空间以灰色为背景色彩基调，实木色和纹理效果增强了温馨的视觉氛围。风格简约的大型吊灯将餐桌区域照亮，实用且具有明确的突出效果。右侧操作台上设有极简的灯光，隐蔽且实用。

RGB=208,193,156 CMYK=24,24,42,0
RGB=197,199,211 CMYK=27,20,12,0
RGB=144,108,73 CMYK=51,61,76,6
RGB=200,153,69 CMYK=28,44,79,0

这是一款住宅内的起居室的环境艺术设计。利用丝绒材质的墨绿色座椅为空间增添了一丝复古、文艺的气息。在墙壁的左右两侧分别设有白色的灯光向内照射，向上延伸至天花板夹角处的灯光，打造出柔和、简约且明亮的光照效果。

RGB=34,60,48 CMYK=85,66,81,44
RGB=186,169,151 CMYK=33,34,39,0
RGB=115,119,117 CMYK=63,52,51,1
RGB=59,58,57 CMYK=77,72,70,39

住宅空间照明设计技巧——简约且富有设计感的光照效果

简约而富有设计感的光照效果,是住宅设计的画龙点睛之笔,通过别致的光照效果,在无形之中增添了空间的艺术氛围。

这是一款住宅内卧室的环境艺术设计。在墙壁一侧,以一定的角度陈列着矩形的照明装置,也因此形成了样式别致的光照效果,增添了空间的设计感,并与天花板上的灯带形成呼应。

这是一款住宅内餐厅区域的环境艺术设计。整体色调低调优雅,在餐桌的上方设置黄色的餐吊,通过简约的几何图形造型增添设计感,并在右侧设置两个风格简约的台灯,通过光照效果对墙壁进行装饰,打造低调且充满设计感的餐厅效果。

配色方案

双色配色

三色配色

四色配色

佳作欣赏

6.1.2 办公空间照明

　　办公空间是一个较为复杂的空间集合体，是能够满足员工办公、沟通、思考、开会等工作需要的空间环境。为了营造出合理且满足工作需要的照明环境，要根据不同空间的属性进行区别设计。在设计的过程中要充分满足照明效果在空间中的实用性、功能性、美观性与舒适性要求。

办公空间照明设计

设计理念：这是一款多功能办公空间内私人静音室的环境艺术设计。封闭而又狭小的空间采用灵活的几何图形进行装饰，活跃了空间氛围。

色彩点评：墙面以稳重的土黄色为底色，配以黑色的装饰元素进行点缀，使其与吊灯和地毯的色彩形成呼应，打造和谐统一的空间氛围。实木材质的桌椅在色彩上与空间的底色相对应，并为狭小的空间增添了一丝温馨与自然的气息。

🔵 在天花板上设置一个简约且具有较高亮度的黑色吊灯，与室内整体的空间氛围协调统一，在点亮空间的同时也对空间的功能区域进行突出显示。

🔵 墙面上的装饰元素采用相同尺寸的黑色三角形拼贴而成，规整与零乱的对比增强了空间的视觉冲击力，使氛围更加活跃。

- RGB=31,31,30 CMYK=83,78,78,62
- RGB=190,157,112 CMYK=32,41,59,0
- RGB=188,138,100 CMYK=33,51,62,0
- RGB=153,150,150 CMYK=46,39,36,0

这是一款办公室内工作区域的环境艺术设计。利用灯光将三组不同的区域进行明确划分，并能够将工作区域进行重点突出。大胆的配色和规整的布局规划出张弛有度的空间布局。打造时尚前卫，且具有较强实用性与说明性的办公空间。

- RGB=143,169,89 CMYK=52,25,76,0
- RGB=77,78,100 CMYK=78,72,51,11
- RGB=116,102,86 CMYK=61,60,66,9
- RGB=168,155,101 CMYK=42,38,66,0

这是一款办公会议室的环境艺术设计。在桌椅的上方采用两个圆环形式的吊灯将空间照亮，样式简约，灯光色调温暖，风格大气而又坚固，与空间的整体风格相协调。绿色植物贯穿整个空间，使间隔的空间也具有关联性。

- RGB=168,111,56 CMYK=42,63,87,2
- RGB=20,23,31 CMYK=89,85,74,64
- RGB=172,147,121 CMYK=39,44,53,0
- RGB=62,101,24 CMYK=79,51,100,16

办公空间照明设计技巧——简约的光照效果避免喧宾夺主

办公空间是一个需要将注意力集中的工作空间，因此在灯光的选择上，为了避免喧宾夺主，不要采用过于花哨的风格与样式，而选择简约的风格来打造安静、沉稳的办公氛围。

这是一款办公室内工作区域的环境艺术设计。采用间接式照明，将灯光设置在灰色天花板内侧，在明确划分空间区域的同时，低调地将空间进行照亮，避免过于吸引工作人员的注意力。

这是一款办公室内小型的交流洽谈空间的环境艺术设计。半封闭式办公空间简约而又平稳，两个内嵌式的白色照明装置简单地将空间进行照亮。

配色方案

双色配色

三色配色

四色配色

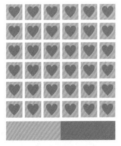

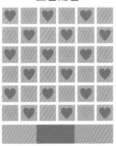

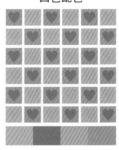

佳作欣赏

6.1.3　商业空间照明

　　照明设备在商业空间中有着十分重要的作用，通过光和色彩的综合性处理，在将空间进行基础照亮的同时，提升视觉美感，对消费者进行视觉上的刺激，以求达到商品利益最大化。

　　按照明的功能大致可将商业空间的照明分为基础照明、重点照明和装饰性照明三大类。

设计理念：这是一款以巧克力为主题的商业空间的环境艺术设计。利用灯光的照射将商品进行突出展示。

色彩点评：空间色彩沉稳厚重，以浅实木色为底色，奠定空间温馨、平和的色彩基调，并采用咖啡色将文字标识进行展现，与空间的主题相呼应。

🔵 整体采用暖色调的灯光，对展示区域进行基础照明的同时，也起到了进一步烘托空间氛围、突出展示元素的作用。

🟢 植物的茂盛和绿意与实木材质的结合使空间与自然更加贴近。丰富生动的纵向实木纹理加深了空间的纵深感，使氛围更加活跃。

🟡 将展示元素放置在高度不同的展示架之上，通过丰富的层次效果，充分满足商品展示的美学与实际功能需求。

RGB=237,207,181 CMYK=9,23,29,0
RGB=45,44,40 CMYK=79,74,77,53
RGB=116,151,72 CMYK=62,32,87,0
RGB=199,146,86 CMYK=28,48,70,0

这是一款服装店内展示区域的环境艺术设计。将展示元素放置在空间的左右两侧，并在棚顶处设置一排射灯，通过不同的角度将展示区域进行明确的突出显示，起到了良好的说明性和引导性作用。空间采用裸露的砖墙与实木材质的地板，创造出温馨且带有一丝复古韵味的商业空间。

■ RGB=137,68,32 CMYK=49,80,100,18
■ RGB=231,189,141 CMYK=13,31,47,0
■ RGB=225,216,207 CMYK=14,16,18,0
■ RGB=28,29,33 CMYK=86,81,75,61

这是一款红酒商店内地窖的环境艺术设计。在昏暗的空间中，利用照明设备将产品展示区域进行突出显示，起到引导受众视线的重要作用，并在红酒置物柜下方利用简约的灯带对受众进行行进路线的引导，使展示元素和展示区域在昏暗的空间背景下尤为突出。

■ RGB=16,12,9 CMYK=87,84,87,74
■ RGB=107,89,71 CMYK=63,64,73,17
■ RGB=233,204,160 CMYK=12,24,40,0
■ RGB=130,94,17 CMYK=54,64,100,14

商业空间照明设计技巧——照明设备作为视觉引导

商业空间是以物品交换为主要目的的多元化发展空间，因此利用照明设备将展示商品进行重点突出，作为空间的视觉引导，会更有助于商业利益达到最大化。

这是一款服饰商店展示空间的环境艺术设计。将照明设备安置在展示区域内侧，并利用上层空间的射灯将展示区域进行着重突出显示，使其能够瞬间成为空间的视觉中心，吸引受众的注意力。

这是一款商业空间内私人体验区域的环境艺术设计。在每一个体验区域的右侧，都设有一个圆形的照明设备，在昏暗的空间中，不仅起到基础照亮的作用，还具有明确的视觉引导效果。

配色方案

双色配色

三色配色

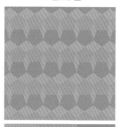

四色配色

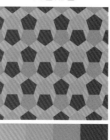

佳作欣赏

6.1.4 展览馆空间照明

照明效果在展览空间中，有着举足轻重的作用。在对空间进行基础的照亮后，还需要照明设备的合理化安排，将展示元素以更好的状态呈现在受众的眼前，并可以通过不同风格的光照效果与空间和展示元素的整体风格形成呼应，加深空间氛围的渲染，使空间的风格更加浓郁明确，以达到直击受众内心的展示效果。

由此可见，照明设备于展览空间的作用不仅是为了使空间更加明亮，更有着识别物体、营造氛围、突出展示元素等重要作用。

展览馆空间照明设计

设计理念：这是一款家具产品展览空间的环境艺术设计。以"当家具走上 T 台时"为设计理念，将展示元素陈列在中心区域的展示台之上，与设计主题完美贴合。

色彩点评：采用浅黄色的展示台在色调平稳的空间中刺激参观者的视觉，通过明确且鲜明的色彩对比，使其瞬间成为空间的视觉中心，吸引受众的目光。浅灰色的地面与左右两侧金属材质的灰色调相呼应，形成了低调却不乏味的背景效果。

🔘 将天花板一分为二，左右两侧整齐排列的白色灯管为自由的空间展示增添了一丝秩序感，使其在将空间进行基础照亮的同时，也稳固了空间的背景氛围。

🔘 左右两侧带有金属光泽的背景墙将天花板上的光照效果和地面的展示效果共同进行反射，增添了室内的空间感与未来感。

🔘 展示元素或以直接的方式陈列在展示台之上，或被浅黄色的绳子捆绑在巨大的泡沫块上，使空间极具艺术氛围。

RGB=225,199,131 CMYK=17,24,54,0
RGB=115,106,95 CMYK=62,58,62,6
RGB=178,178,180 CMYK=35,28,25,0
RGB=92,73,59 CMYK=65,69,76,29

这是一款沉浸式装置展示空间的环境艺术设计。通过两片墙板限定出一个稳固的半封闭式三角形通道，创造出神秘感与惊奇感。在上方中心区域设置一排水晶体，并在两侧相对位置设置简约的小射灯分别向两侧进行照射，使墙板上呈现炫目的焦散图案纹理，营造出轻盈、迷人的视觉效果。

RGB=142,142,142 CMYK=51,42,40,0
RGB=210,210,212 CMYK=21,16,14,0
RGB=16,19,23 CMYK=89,84,78,69
RGB=152,165,182 CMYK=47,32,22,0

这是一款画廊的环境艺术设计。环形效果的展示空间将展示元素间隔地呈现在墙壁之上，天花板上风格简约的小射灯在对空间进行基础照亮的同时，也起到了将展示元素进行突出显示的作用。

RGB=83,83,83 CMYK=73,65,62,18
RGB=224,224,224 CMYK=14,11,11,0
RGB=118,114,104 CMYK=62,55,58,3
RGB=0,0,0 CMYK=93,88,89,80

展览馆空间照明设计技巧——鲜明的灯光对比突出主题

展示空间，顾名思义，是一个将展示元素呈现在受众眼前的空间。因此，将展示元素重点突出是展示空间的重中之重。在设计的过程中，我们可以通过鲜明的灯光对比突出所要展示的元素或主题，使受众一目了然。

这是一款展示大厅的环境艺术设计。该展示空间设计是在昏暗的空间条件下，利用白色的高亮度灯光照亮展示区域，使其与空间周围的环境形成鲜明对比，以此来吸引受众的眼球。

这是一款博物馆展示空间的环境艺术设计。以昏暗的亮度为主体氛围，在每一个展示架的下方设置灯光，将重点展示区域进行突出显示，以引导受众的视线。

配色方案

双色配色	三色配色	四色配色

 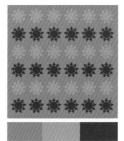 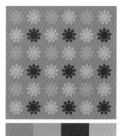

佳作欣赏

6.1.5 室外景观照明

随着人们对于艺术和环境氛围的要求逐渐提升，室外景观照明的重要性逐渐引起人们的重视。当代室外景观照明，是以创造出一种优雅且自然的环境氛围为主要目的，通过照明设备的有效利用和不同方式以及技巧的有机融合，创造出美观、具有特色、满足受众精神追求的环境空间效果。

室外景观照明设计

设计理念：这是一款商业城室外景观的环境艺术设计。空间将自然景观与人工景观相结合，利用清新的色彩和灵活的照明设备，打造使人过目不忘的独特景观效果。

色彩点评：以绿色为空间的主色调。植物的自然绿色，舒适而又宁静；人工湖内青翠的绿色，活跃且富有生机。再配以温暖的黄色调照明效果对空间加以点缀，打造具有丰富层次的生态环保景观效果。

🔴 将照明设备贯穿整个空间，无论是郁郁葱葱的灌木丛，还是蜿蜒曲折的人工湖，均采用简约的小射灯进行照射，单一的光照效果虽不加修饰，却也通过不同的照明角度、密集的相距间隔和温暖的色彩情感，为空间带来勃勃生机。

🔴 双侧向内照射的灯光将湖内景观进行凸显，光照效果随着湖内宽度的变化而变化，使空间极具动感，同时也形成了渐变的色彩变幻效果。

🔴 在人工湖内利用多个小的盆栽进行装饰，使空间的氛围更加活跃、生动。

RGB=111,171,112 CMYK=62,18,67,0
RGB=13,40,14 CMYK=89,70,100,61
RGB=227,228,189 CMYK=16,8,32,0
RGB=139,133,131 CMYK=53,47,44,0

这是一款住宅室外庭院处景观的环境艺术设计。空间使用了白色墙面、木材、石材和玻璃墙等元素，色彩丰富而又协调。在小型喷泉设备下方设置纯白色的灯光，使向上喷涌的水柱仙气十足。

RGB=57,58,62 CMYK=79,74,66,36
RGB=230,231,229 CMYK=12,8,10,0
RGB=48,120,20 CMYK=82,43,100,5
RGB=47,39,26 CMYK=75,76,88,59

这是一款银行室外台阶处景观的环境艺术设计。景观台阶可以直接连接到建筑的二层。在每一组台阶左右两侧的边缘处都设有光照效果对路径进行引导和装饰，并与建筑内的光照效果形成呼应，打造和谐得体的室外景观效果。

RGB=220,189,161 CMYK=17,29,37,0
RGB=145,152,169 CMYK=50,38,26,0
RGB=27,37,28 CMYK=85,73,85,61
RGB=159,155,170 CMYK=44,38,25,0

室外景观照明设计技巧——简约而统一的照明系统

光的强弱可以突出景观效果的主次。因此为了避免景观效果与光照效果本末倒置的现象，简约而又统一的灯光是设计师们的最佳选择方案之一，通过较小的面积占比或是光感相对较弱的灯光装饰，使景观效果主次分明。

这是一款山顶豪宅室外景观的环境艺术设计。通过台阶将左右两侧的自然植物紧密相连，并在植物面积占比较大的一侧台阶处，采用暖色调的简约灯光对行进路线进行指引和照明，同时与右侧的照明效果形成呼应，打造和谐统一的空间氛围。

这是一款别墅室外景观照明的环境艺术设计。同样采用在植物的一侧进行细微照明的方式，与室内外的暖色调照明效果形成呼应，简约而又统一的光照效果营造出层次丰富、主次分明、和谐美观的景观效果。

配色方案

双色配色

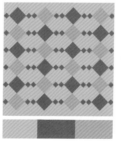

三色配色

四色配色

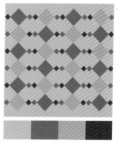

佳作欣赏

6.1.6 室外建筑照明

室外建筑照明是指，利用照明设备，将室外的建筑进行基础照亮，或是在基础照亮的基础上，加以装饰和点缀的效果，使其在室外空间中更夺目，并增强建筑体自身和周围景观环境的美观性与设计感。

设计理念：这是一款建筑大楼室外灯光照明装置效果的环境艺术设计。以"城市上空的圣光"为设计主题，通过向下"洒落"的光照效果与设计主题形成呼应。

色彩点评：在周围昏暗的环境中，将照明装置外侧的圆环设置为金黄色，通过鲜亮夺目的色彩在第一时间抓住受众的眼球，搭配暖色调的光照效果，为整体空间带来一丝温暖与柔和。

🔅 照明设备通过日光反射装置来获取能源，使照明设备呈现缓慢变化的照射效果，营造出宁静而又神圣的空间氛围。

🔅 向下延伸的光束形成了向外扩散且渐变的光照效果，顶端不规则的起始点使其呈现的效果更加逼真生动，且具有说服力，营造出由上到下的垂直动感效果。

🔅 圆环照明设备在规整的布局和建筑下显得格外饱满、柔和。

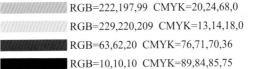

RGB=222,197,99 CMYK=20,24,68,0
RGB=229,220,209 CMYK=13,14,18,0
RGB=63,62,20 CMYK=76,71,70,36
RGB=10,10,10 CMYK=89,84,85,75

这是一款商业办公楼建筑光照效果的环境艺术设计。建筑上层透明的外观搭配上下两端粉红色的照明设备所形成的渐变照明效果，与地面的照明设备形成呼应，打造梦幻、浪漫的夜晚室外庭院效果。

RGB=252,51,103 CMYK=0,89,40,0
RGB=146,92,120 CMYK=52,72,44,0
RGB=10,34,28 CMYK=91,74,83,63
RGB=63,77,106 CMYK=83,73,47,8

这是一款别墅住宅入口处的光照效果。在入口处左右两侧和上层空间分别设有样式统一的照明设备，且位置相对对称。灯光在照亮空间的同时，也与室内的暖色调照明效果形成呼应，向外扩散的灯光效果使整个空间更加生动活跃，打造温馨舒适的整体空间氛围。

RGB=253,240,190 CMYK=3,7,32,0
RGB=208,199,197 CMYK=22,22,19,0
RGB=45,55,28 CMYK=80,66,98,49
RGB=51,48,49 CMYK=79,75,72,47

室外建筑照明设计技巧——灯光活跃气氛

照明设备的陈设和光照效果的衬托，是活跃室外景观气氛的优质选择之一，规整、庄严的建筑在不同照明效果的氛围营造下，会创造出意想不到的景观效果。

这是一款博物馆室外建筑照明效果的环境艺术设计。将照明设备设置在墙体的下方，向上照射的暖色调灯光与室内的氛围形成呼应，在墙体上映射出高矮不同的照明效果，在活跃空间氛围的同时，也能将墙体上的文字进行突出显示，更有助于衬托空间的主题。

这是一款住宅室外庭院处景观的环境艺术设计。采用暖色调和白色的灯光点亮建筑体，为色彩沉稳厚重的空间增添了一丝活跃、温馨的氛围。

配色方案

双色配色

三色配色

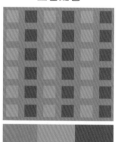

四色配色

佳作欣赏

6.2 自然光

　　自然光又称天然光，在环境艺术设计的过程中，将其与设计元素进行合理的中和与搭配，平衡室内外环境照明的整体效果，以此来打造健康、舒适、绿色的环境艺术效果。

　　特点：

◆　不同时间段的自然光所营造出的氛围各不相同。

◆　创造出光与影相结合的艺术氛围。

◆　贴近自然、绿色环保。

6.2.1 自然光照明

　　自然光作为一种十分重要的自然元素，在环境艺术设计中有着至关重要的作用，随着能源的使用和消耗、人们节约与环保意识的逐渐增强，采用自然光的照明方式已经逐渐成为一种健康绿色的照明方式。

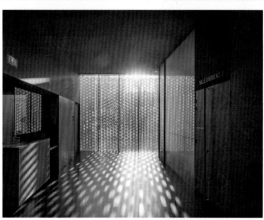

自然光照明设计

设计理念：这是一款住宅内大厅区域的环境艺术设计。空间以"引入山谷景色，解放公寓视野"为设计理念，将自然景观与自然植物融入空间设计中，与主题形成呼应。

色彩点评：以自然界的色彩为主色调，秋季泛黄的落叶景象和青翠的绿色植物，使整个空间与大自然更加贴近，配以深青色的座椅和实木色的装饰元素作为点缀，打造青翠、自然的空间氛围。

🔴 室外些许的自然光线以一定角度投射进室内，并照射在山谷景色之上，使其与自然的景色更加贴近。

🔵 空间将山谷景色与自然植物相搭配，在视觉上形成装饰元素风格的统一，又在本质上形成了季节的对比，丰富了空间的视觉效果。

🟢 墙壁上悬挂的山谷景色装饰元素此起彼伏，在活跃空间氛围的同时也增强了空间的层次感。

- RGB=169,80,12 CMYK=41,78,100,5
- RGB=144,196,187 CMYK=49,11,31,0
- RGB=93,144,34 CMYK=70,33,100,0
- RGB=116,109,78 CMYK=62,56,74,8

这是一款公寓内起居室和厨房处的环境艺术设计。室外自然光线的投射透过白色的半透光窗帘，通过光与影的结合，在室内空间形成温暖的放射状光照效果，打造温馨、惬意、布局简单的生活空间。

- RGB=245,242,236 CMYK=5,6,8,0
- RGB=179,157,124 CMYK=36,39,53,0
- RGB=125,110,91 CMYK=58,57,65,5
- RGB=77,60,46 CMYK=68,71,81,40

这是一款住宅建筑平行镂空楼梯的环境艺术设计。光线透过均等间隔的镂空楼梯洒向室内，构成发散形式的直线光照效果，为空间带来更加通透的设计感。

- RGB=125,122,105 CMYK=59,51,60,1
- RGB=197,194,176 CMYK=27,22,31,0
- RGB=36,34,24 CMYK=80,76,87,62
- RGB=230,227,222 CMYK=12,11,12,0

自然光照明设计技巧——图形元素的应用

图形元素是一种无处不在的实用性设计元素，通过不同图形的种类与属性，为空间营造出不一样的视觉效果。若将自然光的照明效果与图形元素相互融合，会使空间更具设计感。

这是一款校园教室内的环境艺术设计。在上层空间设置圆形的采光装置，使室外光线照射在室内时，也形成圆形的光影效果，在活跃空间氛围的同时，也能够增强室内空间的设计感。

这是一款教学楼内走廊区域的环境艺术设计。通过自然光的投射在室内空间形成矩形的光影效果，增强了空间的规整性，同时也使空间更加温馨舒适。

配色方案

双色配色

三色配色

四色配色

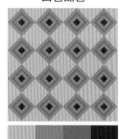

佳作欣赏

采光是室内外环境艺术设计基础的自然选择条件，然而单单是自然光的应用并不能完全满足室内外的照明需求，每当此时，人们就会首先着重考虑人工照明方式，将两种照明方式进行巧妙的结合与利用，能够大大提升室内外环境的实用性和美观性。

写给设计师的书

环境艺术设计手册

自然光与人工照明结合设计

设计理念：这是一款图书馆中庭区域的环境艺术设计。以"多元、开放、包容"为设计理念，打造全新的时尚阅读空间。

色彩点评：空间以温馨、沉稳的灰色和实木色为底色，为空间奠定了平和优雅的氛围。搭配橘黄色和鲜黄色的装饰元素对空间进行点缀，活跃了空间氛围。

🕐 自然光透过三角形的天窗和四周的门窗照射进来，为空间带来一丝温暖的自然氛围。在天花板上设置简约、平行、细长的灯带将空间点亮，这种自然光与人工照明结合的方式使空间更加通透、自然。

🕑 座位布局灵活融洽。台阶上彩色的抱枕可以作为视觉引导元素，同时与沙发座椅上的抱枕形成呼应，打造和谐统一的空间氛围，同时也提升了阅读者的阅读体验。

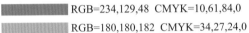

RGB=234,129,48 CMYK=10,61,84,0
RGB=180,180,182 CMYK=34,27,24,0
RGB=105,71,47 CMYK=59,71,86,29
RGB=107,101,106 CMYK=66,61,53,5

这是一款学习中心学习与阅读区域的环境艺术设计。将座位设置在面向室外的窗前，能够使阅读者与自然更加贴近。大面积的窗户使室内空间更加通透，不同的时间段有不同角度的自然光线向内照射，与布局活跃的灯带相互碰撞，打造舒适、自然的室内环境。

这是一款住宅内茶水间的环境艺术设计。圆形的玻璃窗向室内投射进大量温暖的光线，在天花板处设有小型的射灯对空间固定的角度进行照射，两种光线各司其职，应用在不同的时间段与方位。

RGB=23,22,25 CMYK=86,83,78,67
RGB=182,152,126 CMYK=35,43,50,0
RGB=93,89,94 CMYK=71,65,57,11
RGB=103,127,88 CMYK=67,45,74,2

RGB=45,122,165 CMYK=81,47,25,0
RGB=103,101,91 CMYK=66,59,63,9
RGB=225,213,182 CMYK=15,17,31,0
RGB=24,20,9 CMYK=83,81,93,71

自然光与人工照明结合设计技巧——不同的主次照明效果塑造不同的氛围

自然光舒适温和，人工照明实用美观，不同种类的照明效果所营造出的视觉氛围各不相同，因此在环境艺术设计中，自然光与人工照明不同主次的照明效果所营造出的氛围也各有千秋。

这是一款学习中心公共区域的环境艺术设计。大面积的玻璃门窗使室外的光线能够更加丰满地照进室内，并在书架区域选择具有设计感的灯光进行点缀，以自然光为主、人工照明为辅，使室内的整体氛围更加温馨、自然、舒适。

这是一款烹饪教室室内的环境艺术设计。以球体的人工照明设备为主要的照明方式，少量的自然光线从窗外照射进来，通透性较差的空间主要采用人工照明的方式，实用性更强。

配色方案

双色配色

三色配色

四色配色

佳作欣赏

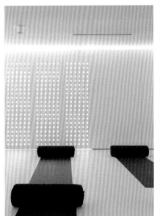

第 **7** 章 环境艺术设计的秘籍

在环境艺术设计的过程当中，通过一些技巧与方式方法的搭配，将空间的各个元素
进行艺术处理和符合审美规律的艺术结合，打造合理化且美观化的环境艺术氛围。

7.1 相同色系的配色方案营造出和谐的环境氛围

同色系配色是指色相相同，而明度与纯度各不相同的两种或两种以上的色彩相互搭配，营造出和谐统一且具有层次感的空间氛围。

这是一款同色系配色方案展示空间的环境艺术设计。

● 以红色为主色调。同色系的配色方案营造出和谐统一且充满热情的空间氛围。

● 相同色系、不同明度与纯度的色彩使空间主次分明，并增强了空间的层次感。

● 以无彩色系中的黑、白、灰色为底色，将艳丽的色彩进行中和，同时也起到了良好的衬托作用。

这是一款房屋内休息区域的环境艺术设计。

● 在空间中展示的座椅、茶几、花盆、画板都为相同色系，温和且稳重的色彩使空间看上去更加协调。

● 植物元素的点缀与窗外形成呼应，为稳重的空间增添了一丝生机与活力。

这是一款餐厅内楼梯口处的环境艺术设计。

● 以红色为空间的主色，深浅不一的同色系配色使空间在视觉上给人一种凹凸有致、主次分明的感受。

● 大量的绿色植物穿插在空间当中，并在色彩上与温和的红色调形成对比，增强了空间的视觉冲击力，同时也为该空间增添了自然气息。

第 7 章 环境艺术设计的秘籍

7.2 巧妙利用图案、图形元素

图形与图案元素是环境艺术设计中常见的装饰元素，根据图形与图案元素的不同风格和周围环境的结合与对比，来丰富环境内涵、刺激受众感官。

这是一款青年旅社楼梯转角区域的环境艺术设计。

- 通过简笔画式的黑色图形与图案元素，对纯白色的墙壁进行装饰。简约轻巧的装饰风格与楼梯形成鲜明对比，活跃了空间氛围。
- 在色彩上，采用无彩色系的黑色与白色，纯粹而又低调的色彩使空间看上去更加简洁，避免为受众带来杂乱的视觉效果。

这是一款办公室内休息交谈区域的环境艺术设计。

- 在实木座椅右侧的墙壁上绘制了喝咖啡的卡通人物图像，与空间的主题相互呼应，同时轻松舒适的人物图像也使空间看上去更加轻松舒适。
- 大量绿色植物的加入与实木材质座椅的结合，使整个空间看上去更加清新，贴近自然，使工作人员能够得到更好的放松。

这是一款体育会所卫生间区域的环境艺术设计。

- 该空间的图案元素具有解释说明的作用，通过图像的样式能够让人们瞬间了解到区域的分类，通过识别度较高的图案对受众进行引导，人性化的设计理念增添了空间的辨识度，同时也增强了空间的趣味性。
- 在空间中，图案所占比例较大，因此更加引人注目。

7.3 不同材料的运用使环境氛围各不相同

在环境艺术设计的过程当中，通过不同材料的不同属性，与不同材料之间的结合，能够创造出不一样的空间氛围。

这是一款咖啡厅室外区域的环境艺术设计。

- 以竹子为主要的建设材料，通过竹制的"洞穴"为消费者带来独特的消费体验。
- 大量绿色植物的点缀使整个空间更加贴近自然。
- 空间的整体色调浑厚、纯净，与咖啡的主题相互呼应。
- 简洁而又柔和的黄色调灯光对空间进行基本的照亮。

这是一款办公室内休息及洽谈区域的环境艺术设计。

- 以水泥和金属为主要的装饰装修材质，硬朗的材料属性使空间看上去更加稳固、坚硬。
- 黑、白、灰的配色方案加以绿植植物的点缀，为精致的空间增添了一些清新自然的感觉。

这是一款餐厅就餐区域的环境艺术设计。

- 以实木材质为主，温和的色彩与雅致、淳厚的材质属性使整个空间看上去更加温暖、纯净。
- 墙壁的饰面采用原色的天然石膏抹面，从而展现出材料本身的美感。并采用绿植对外部空间进行点缀，使空间看上去更加自然、温馨。
- 墙壁和地板上精细而自然的纹理营造出一种温暖且闲适的氛围。

7.4 植物的点缀为空间带来生机与活力

植物在环境艺术设计中具有净化空气、美化环境、装饰空间、陶冶情操、缓解疲劳等作用，也可以抚平设计中过硬的棱角，使装饰装修效果更加温和。

这是一款公寓内起居室区域的环境艺术设计。

- 将绿色植物陈列在靠窗一侧，大气、饱满的植物元素使整个空间看上去更加生动自然。
- 墙壁上层层叠加的云朵纹理抽象、深邃，提升了空间的视觉效果，增强了空间的趣味性。
- 纺织材质沙发与边缘处的毯子形成呼应，使空间看上去更加温暖舒适。

这是一款餐厅就餐区域的环境艺术设计。

- 将植物元素穿插在就餐区域，搭配餐桌和座椅等家具，营造出一种温暖的就餐氛围。
- 将靠墙一侧的沙发座椅设置成深青色，优雅而又淳厚的色彩与实木色相搭配，使空间看上去更加精致、温和。

这是一款礼堂内座位区细节处的环境艺术设计。

- 墙壁内侧和天花板的左右两侧设有植物元素对空间进行装饰，为饱满复杂的空间增添一抹自然与生机。
- 以"废墟的礼堂"为设计理念，裸露的砖墙与"废墟"二字形成呼应。
- 在墙壁的中心区域设置曲线边缘的白色墙壁并配以黑色装饰图案，为空间创造出粗糙与精致的鲜明对比效果。
- 座椅色彩鲜明，使空间看上去温暖且极具视觉冲击力。

7.5 无彩色系为主色调的个性化空间

无彩色系作为色彩体系中的一支重要力量，在有彩色系被广泛应用的今天，也成了时尚、简约且多元化的装饰语言，无彩色系的结合与搭配能够创造出更为个性化的环境艺术效果。

这是一款系列灯具展览空间的环境艺术设计。

- 以无彩色系中的黑色与灰色作为空间的主色调，淡雅而又浑厚的色彩基调为淡黄色调的展示元素提供了良好的背景氛围。
- 圆柱体的装饰元素与球体的展示元素形成呼应，打造和谐统一的展示空间。
- 散落的火山岩由中心向四周延伸开来，为静态的空间增添了一丝动感。
- 光线和火山岩的优雅共性，呈现一种独特的、外壳式的轮廓感和雕塑感。

这是一款酒店内客房区域的环境艺术设计。

- 空间整体采用黑、白、灰的配色方案，无彩色系的搭配营造出干净且简约的空间氛围。
- 方格状地毯由三个色调组成，与空间的整体氛围形成呼应。
- 空间规整的布局与地毯上矩形色块的结合，使空间看上去更加规整有序。

这是一款办公楼内宣讲室的环境艺术设计。

- 以无彩色系中的黑、白、灰作为空间的底色，打造出沉静、平稳的空间氛围。
- 在天花板上配以少许的黄色和蓝色对空间进行点缀，与左侧墙面上的展示元素色彩形成呼应，同时也为色彩沉稳的空间增添了一丝鲜活与生气。

第 7 章 环境艺术设计的秘籍

163

7.6 渐变色彩使过渡更加自然

在环境艺术设计的过程中，通过不同材料的不同属性与不同材料之间的结合，能够创造出不一样的空间氛围。

这是一款服装展览空间局部的环境艺术设计。

- 以紫色调的渐变色彩为背景，炫酷且充满科技效果的色彩通过自然的过渡效果来活跃空间氛围。
- 将单一的展示元素陈列在展示台之上，并配有图形和文字标识，在进行解释说明的同时，还能够让参观者亲自体验到展示元素的品质和特点。

这是一款教育中心内活动室的环境艺术设计。

- 将低饱和度的红色作为空间的主色调，亲切、热情的色彩与墙壁上渐变的色彩效果形成呼应，在营造和谐统一的空间氛围的同时，也使整个空间看上去更加活跃、自然。
- 极简的交流活动空间在最右侧配以少许的植物元素对空间进行点缀，在色彩上形成对比的同时，也为空间增添了一丝清新的自然氛围。

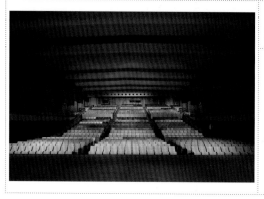

这是一款以"千色海浪装置"为主题的环境艺术设计。

- 通过鲜活亮丽的渐变色彩与空间的主题形成呼应。明亮的色调赋予空间十足的力量感，同时也打造出了饱满、热情且极具视觉冲击力的空间效果。
- 丝线打造而成的织品覆盖了空间中所有的座位，通过材质的设置增强了空间的舒适度。

7.7 直线与曲线的对比效果

在环境艺术设计的过程中，直线元素的应用会为空间营造出率真、规整、平和的空间氛围；曲线元素的应用则会为空间营造出温和、浪漫、自由、自然的空间氛围；而元素的单一或者搭配使用，均会通过线条自身的属性创造出不同的视觉效果。

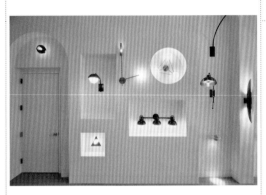

这是一款灯光元素的陈列空间的环境艺术设计。

- 空间采用直线与曲线结合的方式进行呈现，两种设计元素占比大致相同，因此呈现的效果和谐、自然，且充满设计感。
- 将部分元素放置在内嵌式的展示空间内，并通过简约而又干练的造型将展示元素进行凸显，具有重点元素重点突出的视觉效果。
- 以纯净的白色为底色，泛黄的灯光与实木地板形成呼应，使空间看上去温馨、舒适。

这是一款住宅内起居室的环境艺术设计。

- 采用大量的图形元素对空间进行装饰，直线与曲线的相互搭配为平静的空间增添了和谐的对比效果。
- 低饱和度的冷暖对比色调，打造出优雅、温馨、沉稳的空间氛围。
- 大面积的曲线装饰图案与天花板上的直线线条形成鲜明对比。

这是一款洗手间区域的环境艺术设计。

- 以大量的直线线条和矩形元素对空间进行装饰，打造规整有序、平和稳重的空间氛围。
- 在墙面右侧以扇形的镜子元素对空间进行装饰，在活跃空间氛围的同时，与左侧的正方形和背景瓷砖形成鲜明对比。
- 空间配色浓郁厚重，深邃的冷暖对比色调打造出沉稳的封闭空间。

7.8 丰富大胆的配色使空间更具视觉冲击力

在环境艺术设计的过程中，单一协调的配色方案能够营造出和谐统一的空间氛围。而丰富大胆的配色方案恰好相反，通过丰富饱满的色彩搭配使空间形成较为强烈的视觉冲击力。

这是一款酒店内公共活动区域的环境艺术设计。

● 空间采用高饱和度的配色方案，以青色、蓝色与橙色作为主色，对比色的配色方案形成强烈的视觉冲击力，使空间看上去更加饱满、热情。
● 圆形的抱枕与地毯上直线线条的装饰元素使空间更具设计感。
● 在两排座椅的中间放置深实木色规整的茶几，将空间过于鲜活热情的氛围稍加中和。

这是一款室外艺术装饰的环境艺术设计。

● 在色彩搭配上，采用高饱和度的配色方案，纯净的蓝色、深邃的黑色、鲜活的黄色与热情的红色，组合成富有变化效果与沉浸感的装置艺术。
● 在造型上，带有光泽的塑料彩带以悬浮的方式陈列在半空中，矩形的造型将人们的视线集中于此，规整有序且极具视觉冲击力。

这是一款餐厅就餐区域的环境艺术设计。

● 将桌面设置成五彩斑斓的色彩，并将桌面的色彩进行提取，设置成椅子的颜色，丰富且过渡自然的色彩在空间中形成了视觉中心，冷暖色调的结合与对比增强了空间的视觉冲击力。
● 在餐桌的上方设置两个大气的圆环形状吊灯，其简约的风格与餐桌、椅子形成鲜明对比。

7.9 主题元素的烘托使主次更加分明

几乎每一个环境艺术设计都有一个或多个固定的主题，因此在设计的过程中，主题元素的突出或是重点展现，能够使空间的主题更加明确。

这是一款奶制产品商店室内选购区域的环境艺术设计。

● 空间以"奶牛与牛奶"为设计主题，将奶牛模型放置在空间的显眼位置，并将奶牛的花纹附着在空间的各个表面，与空间的主题形成呼应，通过具有辨识性的元素的展现，引起受众的共鸣。

● 吧台使用与墙壁和地板相同的材料制成，使得容器中的各种配料脱颖而出。

这是一款连锁储物店内部空间的环境艺术设计。

● 在空间的左侧采用白色的背景板与黑色的文字和标识对空间进行装饰，同时也起到了解释、说明的作用，通过文字与图标的展示，增强了空间与主题的关联性。

● 由黑、白、明黄色调组合而成的室内空间效果简洁且现代化，使这个空间洋溢着轻松而活跃的气氛。

这是一款儿童医疗中心的环境艺术设计。

● 在空间四周摆放了有关医疗的展示元素，与空间的主题相互呼应，同时也可以对前来就诊的患者以及家属进行知识的普及，人性化的设计理念可以一举两得。

● 橙色调的配色方案通过不同的明度与纯度将空间的区域进行区分，同时也增强了空间的层次感。

7.10 主光源与辅助光源的搭配使用

环境艺术设计中光源的应用不是单一存在的，主光源与辅助光源通常情况下会相互搭配使用，通过主次结合，打造合理化的环境艺术空间。

这是一款酒庄内品酒亭室内的环境艺术设计。

- 在用来品酒的桌椅的上方设置两盏主光源，对空间主要的区域进行照亮，简约而又温和的灯饰与桌椅的风格形成呼应。
- 在酒柜的上方设置三组辅助光源对酒柜进行照亮与突出，辅助光源的应用增强了空间的明亮程度，同时也是对展示元素的突出。

这是一款家居商店室内的环境艺术设计。

- 在中心区域放置一盏繁复的灯具，饱满复杂的结构使其自身更具设计感与艺术效果，独特的设计手法更容易吸引受众的注意力。通过主光源的照射将受众的视线集中在空间的中心区域。
- 在壁炉的左右两侧设置两盏壁灯，辅助灯光的加入丰富了墙壁的装饰效果，同时也通过暖色调的灯光使空间看上去更加温馨。

这是一款青年旅社前台区域的环境艺术设计。

- 在前台天花板处的左右两侧设置两盏与空间整体风格相互协调的吊灯，对前台区域进行照亮，接着在四周的天花板内侧设置灯带作为空间的辅助光源，通过主次搭配，营造出简约且实用的环境效果。
- 植物元素的加入与陈列，将室内外空间紧密相连。

随着环境艺术设计的发展越来越多元化,合理的视觉引导会起到有效的引导、指示、说明等作用,同时也会通过视觉引导自身的元素对空间进行装饰。

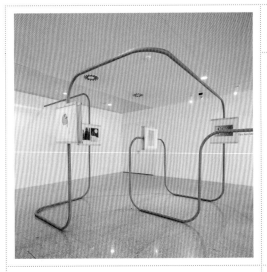

这是一款展览馆室内展示区域的环境艺术设计。

- 将线条元素作为空间的视觉引导,流畅且连续的线条在空间中构成了一种三维结构,在引导受众视线与行进路线的同时,也增强了室内的空间感。
- 橙色调的线条很细,并纯粹地遵循严谨的几何感,使空间富有流动感。

这是一款室内图书馆的环境艺术设计。

- 开放式的书架按照一定规律进行陈设,在空间中形成一排排的曲线线条,如水流和微风般轻柔地流动在空间当中。通过书架的摆放来控制受众的行进路线,形成空间的视觉引导。
- 书架的高度各不相同,增强了空间的变化效果。

这是一款视觉识别系统展示空间的环境艺术设计。

- 通过一些容易识别的图标与箭头对空间的区域进行指示和划分,醒目的高饱和度橙色配以低调纯净的背景色,使指示元素在空间中更为抢眼。
- 图标的设计简约明了,人性化的设计理念使整个空间看上去更加简约、便捷。

7.12 合理的构造与格局增强空间的实用性

在环境艺术设计的过程中，合理的构造与格局能够使空间合理化地融入更多元素，使空间看上去更加丰富、饱满。

这是一款共享办公空间开放式工作区墙壁的环境艺术设计。

- 在墙壁上设有多个大小、形状、比例各不相同的实木材质置物架，无论在材质、形状造型或是色彩方面，均与空间的整体设计形成呼应，打造合理化且具有较强实用性的办公空间。
- 开放式的置物架用来摆放书籍与装饰元素，在容纳更多元素的同时也节省了大量的地面空间。

这是一款校园内多功能空间的环境艺术设计。

- 将桌椅以环形的方式进行陈设，在末端处空出一个进出口，方便人员的流动，此种布局方式既能够方便人与人之间的交流与沟通，又能够活跃空间的氛围。
- 黑、白、灰的配色方案低调而又沉稳，避免了太过花哨的配色刺激受众感官，影响受众的注意力。

这是一款亲子类商业空间的环境艺术设计。

- 在空间的左侧设置层次丰富的置物架，通过不同的造型和宽度放置不一样尺寸和属性的商品，合理的布局和构造使空间更具实用性。
- 前侧接待区域和零售空间的局部等，均采用蓝色和粉色的瓷砖贴面，统一、和谐的色调使空间看上去更加温馨、甜美。

7.13 巧用装饰元素对环境加以点缀

装饰元素是对局部或整体空间的一种烘托与点缀，在设计的过程当中，根据装饰元素的风格与装饰空间的搭配，营造出不同的视觉感受。

这是一款公寓内就餐区域的环境艺术设计。

● 将蓝色作为空间的主色调，在桌面上放置小巧精致的蓝色渐变瓶子对空间整体进行装饰与点缀，同时也与吊灯元素形成呼应，使空间更加和谐统一。

● 就餐空间简洁干净，实木地板的应用为空间营造出一丝温暖的氛围。

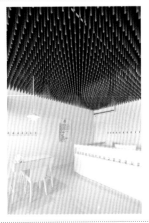

这是一款美甲工作室的环境艺术设计。

● 空间以纯净的白色为背景，采用彩色条柱对空间的天花板进行装饰，每一根都彼此独立，形成一个视觉整体高纯度的色彩，与空间形成鲜明对比，营造出更加丰富饱满的空间效果。

● 展示牌上的文字与天花板上的装饰元素在色彩上形成呼应。

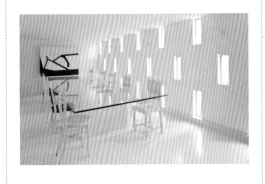

这是一款办公建筑室内会议室的环境艺术设计。

● 办公区域简洁、纯净，在空间的尽头设置一幅抽象的暖色调挂画，温暖大气的红色奠定了空间的情感基调，使空间简洁而不失浪漫。

● 以矩形为主要的设计元素，规整而又相互交错的矩形窗户在增强空间的光线的同时，也营造出了规整有序的空间氛围。

7.14 人工环境与自然环境的结合

在环境艺术设计的过程中，人工环境与自然环境可以相辅相成地呈现在受众的眼前，两类元素的融合能够使空间的氛围更加丰富、自然。

这是一款酒店客房区域的环境艺术设计。

● 以"静谧而适合冥想的度假胜地"为设计理念，通过自然界材质与元素的组合搭配与设计理念形成呼应。

● 空间以木材为主，与纺织元素的搭配营造出温馨舒适的居住环境，从室内放眼望去，可以将自然风光尽收眼底，通过这种人工环境与自然环境相结合的设计方式，使空间更加自然和谐。

这是一款青年公寓内公共休息交谈区域的环境艺术设计。

● 左侧的墙壁采用实木材质进行装饰，并将自然界的绿色植物引入室内，打造充满绿意的中庭环境。

● 大面积的玻璃窗户使室内的空间更加通透。

● 绿植既是空间的装饰元素，又能够将空间的区域进行划分。

这是一款度假村室外休息及洽谈区域的环境艺术设计。

● 在室外空间设置两个内嵌式的休息区域，矩形的布局方式形成规整有序的空间氛围，与四周自然生长的植物形成鲜明对比。

● 室外纺织元素与实木材质的应用，使空间与自然更加贴近。